dtv

»Bei Treffen namhafter Wirtschaftsführer stehen diese Frauen nicht vor den Kameras. Längst aber haben sie dafür gesorgt, dass diejenigen, die dort posieren, unter ihrer Führung gut vorbereitet und angezogen erscheinen. Das wollte und konnte bisher niemand so genau wissen. Bis Katharina Münk auf der Bildfläche erschien … Wer in dieser Zwei-Personen-Combo maßgeblich dafür sorgt, dass das Vorstandsbüro nicht zum Tollhaus wird, und wer die Höhenflüge des Chefs umsichtig lenkt, der – oder vielmehr die – lenkt ohnehin den ganzen Laden: ›Rechte Hand, linke Hand, lebender Palm Pilot, Coach und Punchingball, Hausdame und Animateur, Therapeutin, Statussymbol, Burgfräulein und beinharte Wächterin in Personalunion.‹ Abgesehen davon, dass das kein Mann schaffte, Münks Miniaturen der Macht machen klar, wer sie wirklich ausübt.«
Dagmar Deckstein, Süddeutsche Zeitung

Katharina Münk, 1963 geboren, hat über 20 Jahre für Dax-Unternehmen, Großbanken und Kreativschmieden gearbeitet. Heute ist sie neben ihrer Autorentätigkeit als Personal Coach für Fach- und Führungskräfte tätig (www.kmesc.de). Ihr Sachbuch ›Und morgen bringe ich ihn um. Als Chefsekretärin im Top-Management‹ (2006) und ihre Romane ›Die Insassen‹ (2009) und ›Die Eisläuferin‹ (2010) wurden Bestseller. Katharina Münk lebt mit ihrem Mann in Hamburg. Ihr Name ist ein Pseudonym.

Katharina Münk

Denn sie wissen nicht, was wir tun

Was Chefs über ihre Sekretärinnen
wissen sollten

Deutscher Taschenbuch Verlag

Von Katharina Münk im Deutschen Taschenbuch Verlag:
Die Insassen (<u>dtv</u> 21299)
Die Eisläuferin (<u>dtv</u> 24881)

Auf tausend Menschen, die bereit sind, Großes zu tun,
kommt höchstens einer, der bereit ist, Kleines zu tun

Georg MacDonald

Ausführliche Informationen
über unsere Autoren und Bücher
finden Sie auf unserer Website
www.dtv.de

Ungekürzte Ausgabe 2012
Deutscher Taschenbuch Verlag GmbH & Co. KG, München
© 2010 Eichborn AG, Frankfurt am Main
Das Werk ist urheberrechtlich geschützt. Sämtliche, auch auszugsweise
Verwertungen bleiben vorbehalten.
Umschlagkonzept: Balk & Brumshagen
Umschlagbild: Markus Roost
Satz: Fotosatz Amann, Aichstetten
Druck und Bindung: Druckerei C.H.Beck, Nördlingen
Gedruckt auf säurefreiem, chlorfrei gebleichtem Papier
Printed in Germany · ISBN 978-3-423-34697-9

INHALT

Ohne Gewehr – Vorwort

Ich kann nicht sagen, dass ich unglücklich bin, so rein beruflich, als Sekretärin. Doch manchmal könnte ich in die Schreibtischkante beißen wegen des Mannes oder der Männer, dem oder denen ich berufsbedingt unmittelbar zu Diensten bin. Und ich suche nach Ursachen, Erklärung, Abhilfe. Da nützt die beste neutralisierende Sach- und Projektbearbeitung nichts. Am Ende landen eben doch »alle anfallenden Bürotätigkeiten« – und schlussendlich vor allem mein Chef – wieder bei mir. Er dagegen ist »durchweg zufrieden« mit mir, denn ich bin stets für ihn da und habe definitiv nie versucht, ihn umzubringen. Im Gegenteil, ich verlängere sein Leben, da ich es ihm angenehmer gestalte. Ich »entlaste« ihn – ein seltsames Wort übrigens, wird das noch in irgendeinem anderen Beruf so oft benutzt? Dabei birgt mein Job mehr Management, als von außen sichtbar ist. Aber reicht das schon? Wie glücklich muss man als Sekretärin überhaupt sein, da es doch noch ein Restleben gibt? Ich glaube, die meisten arbeitenden Menschen sind weniger selbstbestimmt, als sie sein wollen. An dieses Problem, wenn es denn überhaupt eines ist, wage ich mich nicht heran.

Nein, dieses Buch soll aufklären – darüber, wer wir Sekretärinnen eigentlich sind, was wir eigentlich tun und tun wollen und wie man mit uns arbeitet und arbeiten sollte. Denn vom allerersten Blick auf das Bewerbungsfoto bis zum allerletzten Handschlag werden immer noch viel zu viele Fehler mit uns gemacht. Für so manchen Manager bleibt die Sekretärin das unbekannte Wesen im eigenen Windschatten, egal ob sie rund um die Uhr als »Personal Assistant« oder als eine von drei Teamassistentinnen für sechs Kollegen arbeitet. Viele wissen einfach nicht, wie es auf der anderen Seite des Schreibtisches aussieht und kriegen den Perspektivwechsel nicht hin.

Da nützen auch der TÜV-geprüfte Chefentlastungskongress, »Zahlen ohne Qualen« und selbstzerstörerische Stimm-Workshops nichts. Wir können uns noch so mühen, wenn er (der Chef) nicht mitmacht, nutzt das alles nichts. An ihm führt kein Weg vorbei. So ein Chef kann für seine Sekretärin zu einem einzigen Projekt mit zwei Ohren werden – unter weitestgehender Aufgabe von eigenen Aufgabengebieten und autonomer Zeiteinteilung ihrerseits. Es ist zwar so, dass wir heutzutage nicht mehr wie das Putzerlippfischchen am Pottwal hängen – unser Job mag zunehmend sachorientiert sein, aber er wird deswegen nicht unbedingt weniger personenorientiert.

Es wird Zeit, dass wir damit aufhören, wie verrückt an uns selbst zu arbeiten, um für jemanden perfekt zu sein, der seinerseits keine Fortbildung belegt und einfach so bleibt, wie er ist: Chef findet sich toll, sie steht dagegen schon morgens vor dem Spiegel – auf der verzweifelten Suche nach Optimierung. Dabei macht er mitunter mehr Fehler mit mir als ich mit ihm. Es sagt ihm bloß niemand. Sind denn immer wir schuld, wenn es nicht klappt zwischen Chef und Sekretärin, wenn es »einfach nicht läuft« oder »schlichtweg nicht sein sollte«? Und genau hier liegt die Crux: Chefs haben einen sehr viel größeren Aufklärungsbedarf in der Zusammenarbeit mit ihrer Sekretärin als umgekehrt die Sekretärin in der Zusammenarbeit mit dem Chef. Oder gibt es einen Chef, der schon einmal einen »Sekretärinnenmotivations-Kongress« in einem Wuppertaler Konferenzraum ohne Tageslicht besucht hätte? Nein, für den Umgang mit der Sekretärin gibt es keinen Lehrgang, keinen Führerschein im wahrsten Sinne und auch keine Selbsthilfegruppe. Er ist nicht delegierbar.

Was eine Sekretärin ihrem Chef vielleicht schon längst einmal sagen wollte oder ihm vorschlagen sollte, findet sie in diesem Buch. So ein Sekretärinnenleben kann verdammt lang sein, und ich habe mich bemüht, all die großen und kleinen Fragezeichen und Verzweiflungsmomente vom ersten bis zum letzten Arbeitstag hineinzubringen.

Auch wenn vieles mit uns wie von selbst läuft, so heißt das noch lange nicht, dass wir Selbstläufer sind. Im Gegenteil, wir können zum Problem werden. Aber je näher ein Problem (sechs Meter statt sechs Flugstunden), desto weitläufiger wird es ja auch oft umgangen. Und man möchte den Chefs zurufen:

Hallo, hier sind wir. Ihr seid noch nicht fertig mit uns, und wir noch nicht mit euch. Während wir jedes eurer Worte erahnen, noch bevor es die Oberlippe pas-

siert hat, habt ihr im Bedarfsfall noch nicht einmal unseren Geburtstag parat. Kennt ihr wirklich unseren beruflichen Werdegang und unsere Qualifikationen, auch wenn ihr uns von eurem Vorgänger übernommen habt wie das restliche Inventar des Büros? Beherrscht ihr die hohe Kunst, uns etwas zu Weihnachten zu schenken, über das wir uns wirklich freuen? Kennt ihr uns überhaupt richtig und seht ihr, wo wir Potentiale haben oder wo eben nicht? Sprecht ihr ganze Sätze? Nicht? Anregungen hierzu finden sich auf den folgenden Seiten.

Führungskraft zu sein wird immer noch allzu gern als Titel und nicht als Aufgabe gesehen. Und es wird verkannt, dass gerade eine Sekretärin für ihren Chef der reinste Crashtest-Dummy in Sachen Führung ist. Was sie auf dem Tisch liegen hat, hängt sehr wesentlich von ihm und seiner Arbeitsweise ab. Ihre Zufriedenheit spiegelt sein Führungsvermögen, und zwar viel unmittelbarer als bei anderen Mitarbeitern. Wenn Führung noch nicht einmal hier funktioniert, aus lauter Unwissenheit und Gedankenlosigkeit, so kann das fatale Folgen haben, denn die Sekretärin ist die Mitarbeiterin, die das Leben leichter und schöner, aber auch unerträglich machen kann. Es gibt Kombinationen unter den Chefs und den Sekretärinnen, die wahrhaft schlagkräftige Alphateams darstellen und einander nicht nur ertragen, sondern tragen. Andere erinnern eher an »die zwei von der Zankstelle«.

Und wenn das alles nicht hilft, und wir merken, dass wir gegen die Wand rennen, dann können wir auch anders. Dann hören wir auf, uns aufzuregen. Dann machen wir es so wie unsere Chefs, von denen man ja durchaus auch etwas lernen kann, drehen den Spieß um: Man könnte sich abgucken, wie man auch ohne Worte wunderbar nebeneinander leben und arbeiten kann, wenn es sein muss, wo Autonomie-Nischen und Fortentwicklung in dieser kleinen Teilwelt der Unternehmenswelt zu finden sind, wie man Humor entfalten und/oder ertragen kann, wie man dem Chef die Meinung sagt oder unnötige Arbeit vermeidet und er sich nachher auch noch bei einem dafür bedankt, oder wo sich die machtlosen, blinden Flecken auf der Chef-Agenda befinden, wie man durch Krisen kommt oder diese anständig durch Kündigung beendet.

Warten Sie also nicht auf Besserung, sondern provozieren Sie Besserung. Sie sollten dieses Buch ganz einfach an den zweiten und eigentlichen Adressaten weiterreichen: Ihren Chef. Er wird daran nicht sterben. Aber das beabsichtigen Sie auch nicht, oder?

I. DIE VORSTELLUNGSRUNDE

1. Jane – das unbekannte Wesen im Sekretariat

Mutter, Mädchen, Managerin

Wenn man das, was wir sind und was wir tun, auch nur halbwegs angemessen wiedergeben will, ist es nicht mit ein paar griffigen Zeilen getan. Denn in kaum einem anderen Job gibt es so viele unterschiedliche Qualifikationen, Potentiale, Stellenprofile – und doch letztendlich nur eine einzige Schublade für die knapp 500.000 Frauen, die heute bundesweit als Sekretärinnen arbeiten. Das Ausbildungsangebot ist unüberschaubar groß, einen geregelten Ausbildungsweg gibt es nicht. Entsprechend verwirrend sind die Berufsbezeichnungen, die auf dem Stellenmarkt kursieren – von der »Fachkraft für die Bürologistik« bis zum »Senior Administrative Assistant« oder der »Leiterin Administration« – so schreibt man mich in Wurfsendungen an, und ich frage mich jedes Mal, ob die wirklich mich meinen. Ein Drittel aller Sekretärinnen nennt sich heute »Assistentin«, was dem Beruf rein begrifflich etwas weniger Dienendes geben soll, egal wo und wie man dient. Der Bundesverband Sekretariat und Büromanagement e.V. sieht seine Mitglieder als »Office Professionals« und spricht diese auch so an – denkt man da, dass die Sekretärinnen in Großbritannien auch so heißen …?

Die ewigen Schablonen

Uns fehlt ein klares Profil. Die öffentliche Wahrnehmung unseres Berufsstands ist trotz aller Bemühungen von Verbänden und Büromittelherstellern immer noch geprägt von Unwissenheit, Trichterdenken und Unterschätzung. Für manche sind wir der Chefmanager, der eigentliche Boss des Bosses, für andere lediglich der Boss des Kaffeeautomaten. Kernkompetenzen: Organisieren, Schreiben, Ausführen, fröhlich sein. Unser

Erfolg lässt sich auch nicht in Zahlen messen, uns können keine Umsätze zugeordnet werden. Wir werden dennoch überall gebraucht. Wer um Himmels willen sind wir also eigentlich, und wo wollen wir hin, sofern man uns lässt?

Die Suche nach der Antwort ist nicht einfach, auch wenn man die Probe aufs Exempel macht und den Markt scannt:

Irgendwann nahm ich mir eine Auszeit vom Flexibel- und Belastbarsein, abschalten statt durchstellen, und zwar über die üblichen Urlaubszeiten hinaus. Ich gehörte jedoch nicht zu denjenigen, die das umsetzen können, ohne kündigen zu müssen. Also zurück auf Los, mit Anfang vierzig – mutig oder blöd, im Zweifel beides. Ich wollte herausfinden, ob sich all die Jahre professionellen Mitdenkens nicht vielleicht doch etwas egoistischer nutzen ließen – für mich selbst, nicht für meinen Chef. Ganz klar hatte es bei mir über die Jahre eine Weiterentwicklung gegeben – aber die hatte nur im Kopf stattgefunden und nicht im innerbetrieblichen Organigramm und nur sehr unwesentlich auf dem Gehaltszettel.

Da auf dem deutschen Arbeitsmarkt niemand einfach so verloren geht, landete ich samt Rechtsfolgebelehrung zunächst einmal dort, wo alle arme Seelen landen, die auf der Suche nach sich selbst und einem Job sind: beim Arbeitsamt, genauer gesagt bei meiner »Job-Agentin« – unbewaffnet und mit einem nicht-geheimen, sondern verdammt öffentlichen Auftrag. Wo, wenn nicht hier, sagte ich mir, könnte ich mehr erfahren über das halbwegs repräsentative Berufsbild der Sekretärinnen, deren Profile bundesweit und mannigfaltig in der Jobbörse der Agentur hinterlegt waren.

Mein Personal Coach in staatlicher Mission war weiblich, jung, Verwaltungsfachangestellte mit Sozialpädagogik-Studium. Für ihr Alter hatte sie bereits verdächtig viele Fältchen rund um die Mundwinkel. Man bekam eine Ahnung davon, wer ihr hier wohl sonst gegenübersitzen mochte. Wir kamen ins Plaudern, und ihre Mundpartie entspannte sich langsam. Dabei war ich mit meinem Luxusproblem eigentlich kein einfacher Fall: Vorstandssekretärin, ein Wesen wie aus einer fernen, behüteten Welt, trotzdem oder gerade deswegen mit Identitätskrise und dem Wunsch, zugunsten eines Teilzeitstudiums nicht mehr Vollzeit zu arbeiten. Deswegen wollte ich aber nun auch nicht gleich an 19,5 Stunden pro Woche Frankiermaschinen bedienen. Meine Agentin versuchte es trotzdem mit mir:

So. Ich würde Sie zunächst einmal bitten, mir bei Ihrem Kompetenz-Profil zu helfen. Ich kann hier ›Sekretärin‹, ›Fremdsprachensekretärin‹ und ›Teamassistentin‹ eingeben.«

Sie schwenkte ihren Bildschirm in meine Richtung, als müsse sie sich rechtfertigen.

»Nun, wenn man es genau nimmt, bin ich Europasekretärin.«

»Ja, das steht in Ihrem File. Aber hier, so als Auswahlkriterium, gibt's das nicht. Ich schreib mal ›Fremdsprachensekretärin‹.«

»Gibt es da Raum für Bemerkungen?«

»In dieser Maske nicht. Nur Kreuze. So. Und jetzt lese ich Ihnen mal ein paar Stichworte vor, und Sie sagen mir, ob ich ›Grundkenntnisse‹, ›erweiterte Kenntnisse‹ oder ›Expertenwissen‹ aktivieren soll.«

Also Digitalisierung erst einmal. Es half nichts. Ich nickte tapfer und schob meine Bewerbungsmappe wieder in die Tasche.

Und dann legte sie los, als ginge es um Menschenleben, was irgendwie ja auch stimmte: BWL, Controlling, Personaladministration, PR/Öffentlichkeitsarbeit, Veranstaltungsmanagement, Marketing/Vertrieb, Exportsachbearbeitung, Immobilien- und Facility-Management, Vertragswesen, Steuerrecht, Buchführung/Kostenrechnung, Personalverwaltung, Management. Spätestens beim letzten Wort wurde ich unruhig und unterbrach ihr Stakkato:

»Hören Sie, ich bewerbe mich hier lediglich als Sekretärin. Ich kriege ja fast schon ein schlechtes Gewissen, wenn ich bei ›Management‹ nur ›Grundkenntnisse‹ habe.«

»Das ist schon okay. Sekretärinnen sind ja heutzutage breit aufgestellt. Die Soft Skills machen wir später.«

Mir wurde unwohl.

»Was ist denn mit Englisch, Französisch, Spanisch, EDV und Steno?«, wollte ich wissen.

»Das wird vorausgesetzt in Ihrem Profil.«

»Ah ja. Aber ich frage mich schon ein bisschen, ob ich hier die Lara Croft der Administration sein soll, die mit ihrem Job fünf Abteilungen abdeckt, oder nicht doch eher Sekretärin.«

»Ja, da haben Sie recht. Die Sache ist nur: Sie arbeiten wie Lara Croft, bleiben auf dem Papier aber Sekretärin.«

Wir sind Seiltänzerinnen

Es gibt wohl keinen anderen Job, in dem die Rollenverteilung zwischen Mann und Frau so klar geregelt ist. Und doch ist eine Sekretärin qua Beruf eine multiple Persönlichkeit: Frauen mit teilweise hohen Qualifikationen (Fachkompetenz fordern 82 Prozent der Chefs) kümmern sich gleichzeitig als Statussymbol geradezu mütterlich und immer charmant um die großen und kleinen Sorgen ihrer in der Regel männlichen Chefs (Verständnis für die Persönlichkeit wollen 76 Prozent der Vorgesetzten). BWL-Studium und Erfahrung in der Sternehotellerie gelten als optimale Kombination. Hier liegt die Schizophrenie unseres Berufsbildes. Unser Job ist heute mehr denn je ein einziger Balanceakt zwischen Personen- und Sachorientierung, zwischen klassischen Arbeitstugenden einerseits und zusätzlichen Qualifikationen eines modernen Dienstleisters andererseits, die Abgrenzung ist fast unmöglich – kein Wunder also, dass hochgradige Flexibilität überall und gern von uns gefordert wird. Da wird die Sekretärin kurzerhand zur Assistentin gemacht. Natürlich gibt es im Tätigkeitsfeld eine Verlagerung in Richtung Sachbearbeitung, wobei die Berufsbezeichnung »Sekretärin« auch oft beibehalten wird. Und man fragt sich, ob eine »Assistentin« so sehr anders arbeitet als eine »Sekretärin«, ob es sich da nicht eher um ein wohlklingendes Etikett für dieselbe Tätigkeit handelt. Eine »Teamassistentin« deckt heutzutage in so mancher Werbeagentur Empfang, Telefonzentrale, Postzentrale, Reisebüro, Office Management und Buchhaltung ab – in Großunternehmen werden dafür sechs bis sieben Mitarbeiter eingestellt. Für Qualität und Anerkennung ihrer Tätigkeit spricht das trotzdem nicht – sie ist »Mädchen für alles«.

Das Berufsfeld der »rechten Hand« unterscheidet sich besonders in einer Sache von vielen anderen: Es ist wohl die seltene Mischung aus Mut, Können, Zähigkeit und Bescheidenheit, die eine Sekretärin aufbringen muss, um sich in einem mehrheitlich von Männern geprägten Berufsumfeld zu behaupten, obwohl sie doch überwiegend Anweisungen entgegen nimmt und sich selbst zugunsten des Chefs zurücknimmt. So manchem Chef fallen wir erst richtig auf, wenn wir nicht da sind und die Staumauer vor all den Papieren, Dateien und Anrufen plötzlich bröckelt. Auffallen durch Nicht-Präsenz, das muss uns erst einmal jemand nachmachen.

Nein, in unserem Berufsbild mögen sich Inhalte und Prioritäten verändert haben, doch Status, Image und Gehalt dagegen kaum.

Und was sagen die Chefs?

Fragt man die Chefs, so scheint die Messlatte zumindest in Sachen »Zufriedenheit mit der Sekretärin« hoch zu liegen. Keine weiteren Fragen an dieser Front: Laut einer bundesweiten Studie von TNS Emnid im Auftrag des Büromittelherstellers Leitz sind 87 Prozent der Manager mit ihrer Sekretärin zufrieden. Ob das umgekehrt auch die Sekretärinnen mit ähnlich hoher Quote von ihren Chefs behaupten, wurde nicht überprüft. Und ob diese an sich recht erfreuliche, hohe Punktzahl nicht eher einer vielleicht etwas zu spontanen Betrachtungsweise geschuldet sein mag, sei dahingestellt. Denn wer sagt schon gern: »Ich bin mit meiner Sekretärin unzufrieden« und provoziert die Rückfrage, die ein Manager nicht gern hört: »Ja, warum ändern Sie das denn dann nicht?« Und vielleicht schraubt man auch einfach nur die Erwartungen etwas zurück: »Meine Sekretärin? Nun ja, ganz okay – keine Weinkrämpfe, kleine fliegenden Aktenordner, keine Internetspielchen. Eigentlich bin ich ganz zufrieden.« Ganz zufrieden? Das Bemühen, aus dieser Mitarbeiterin mehr herauszuholen, sie zu fordern und somit zu fördern, ist im Sekretariat nicht so ausgeprägt wie im mittleren bis unteren Management. Im Gegenteil: Die Sekretärin hat für viele ein überwiegend fremdbestimmtes Tätigkeitsfeld und insofern ein recht überschaubares Qualifikationsprofil. Sie wird gern als bereits »fertig« eingestuft.

Aussagekräftiger sind dagegen die Faktoren, die die Chefs bei ihren Sekretärinnen erfüllt sehen: Vertrauenswürdigkeit und Loyalität schnitten am höchsten ab (87 %), Fachkompetenz (82 %), Verständnis für die Persönlichkeit des Chefs (was immer alles darunter fallen mag - 76 %), Organisationsvermögen (73 %), zuletzt Eigeninitiative und Engagement (die 69 % der Chefs als erfüllt ansahen).

Die Kunst der Gefolgschaft und ihr Fluch

Haben die Öffentlichkeit, ja mitunter die eigenen Chefs, überhaupt eine Ahnung, wie schwierig unser Job sein kann? Die hohe Kunst der Gefolgschaft kann einem mehr abverlangen als die der Führung. Heute erscheint das fast schon unzeitgemäß: Autonomie, Selbständigkeit und Verantwortung sind Schlagworte, die uns vor die schwierige und ermüdende Aufgabe stellen, um jeden Preis wir selbst zu sein. Das Ich ist zu einer einzigen Großbaustelle geworden. Coaches raten den Chefs »ihr Ich authentisch auszuleben«, was viele zweifelsohne mühelos befolgen können. Eine Sekretärin muss das berufsbedingt etwas zurückhaltender angehen, da das Ich des Chefs vor dem eigenen Ich steht und zwar qua Aufgabengebiet. Der Spruch »Ich bin doch nicht seine Sekretärin« bezieht sich stets auf Dinge, die jemand nicht tun will, die unter seiner Würde sind. Und es ist doch so: Jeder, der beim Chef um die Ecke kommt, will doch irgendetwas. Wenn wir hingegen beim Chef um die Ecke kommen, wollen wir etwas, was er indirekt selbst will. Wir kommen seinetwillen. Ausschließlich. Wir wollen das, von dem er noch gar nicht weiß, dass er es wollen wird.

Der Beruf der Sekretärin erfordert ein Maß an sozialer Kompetenz, Zurückgenommenheit, Geduld, Nervenstärke und innerer Stabilität, wie es sonst nur von Führungskräften erwartet wird. Die Bereitschaft, auf Abruf das, was ist, dem unterzuordnen, was »er« will, war und ist integraler Bestandteil des Jobs. Rückzugsräume? Keine. Wenn wir in »unseren Bereich« zurückgehen, entfernen wir uns in der Regel nur einige Meter von unserem Vorgesetzten, durch maximal eine Tür, die auch schon einmal gerne offen stehen bleibt. Wir bleiben in Rufnähe. In diesem Segment sind wir Frauen nicht gleichgestellt, können es auch gar nicht sein, da es in der Sekretärinnen-Zunft gerade einmal 1,5 Prozent Männer gibt – Gleichstellungsbemühungen, egal in welche Richtung, erübrigen sich.

Und die Männer, mit denen wir qua Funktion eng zusammenarbeiten, deren Überstunden auch unsere Überstunden sind, an deren Entscheidungsvorlagen und Schriftstücken wir oft nicht unwesentlich beteiligt sind, verdienen im Schnitt das Sechs- bis Zehnfache von dem, was wir verdienen. Nein, wir können höchstens unsere Chefs dazu bewegen, andere Frauen gleichzustellen. Die Einflussnahme der unsichtbaren rechten Hand kann enorm sein, besser als jede Gleichstellungsbemühung an sich, aber sie geschieht eben nicht öffentlich, nicht offiziell, nicht unmittelbar in eigener Sache. Niemand weiß, welche Fehler wir korrigieren, da wir es tun, bevor sie passieren. Niemand ahnt, welche Menschen wir zusammenbringen – oder eben auch nicht. Wenn wir hier so etwas wie eine stille Macht besitzen, als diskretes Steuerungsorgan unseres Chefs, gilt die Verknüpfung mit persönlichen Ambitionen als absolut tabu. Dazu gehört viel Demut – und Selbstdisziplin. Wissen das die Chefs?

Es gibt da nur eine Art von Abhängigkeit, die uns wirklich zu schaffen machen kann: Wie gut wir sind und sein dürfen, hängt zu 90 Prozent unmittelbar von der Person ab, für die wir arbeiten – definitiv mehr als in jedem anderen Beruf. Die Sekretärin ist immer die Erste, die strahlt, und die Erste, die leidet. Die rechte Hand einer fähigen, delegierenden Führungskraft zu sein, ist ein wunderbarer Job. Es ist erstaunlich, wie viel Vertrauliches und Hochbrisantes da in unsere Hände gelegt wird. Wir wissen unter Umständen so viel vom Chef und dessen Umfeld, dass er für uns berechenbar und somit steuerbar wird. Er weiß es, und er lässt es zu. Er lässt uns machen. Hier ist der Punkt, wo der Teamgedanke so funktioniert, wie er sollte, und wo Verantwortung und Einfluss liegen. Nur starke Männer lassen starke Frauen um sich zu. Dem Gegenteil assistieren zu müssen, kann dagegen die Hölle sein.

Die Sandwich-Position

Sekretärinnen arbeiten in einer klassischen Zwitterposition: Sie sind »nah dran« am Chef, oft mit einer schon rein räumlichen und zeitlichen Intensität wie kaum ein anderer Mitarbeiter, sie »denken mit«, wie man so schön sagt, können und müssen seine Gedanken buchstäblich erahnen. Sie arbeiten in seiner Welt, sind rein organisatorisch »eine von denen«, haben Insiderwissen, sind klug, diszipliniert, oft damenhaft, diskret und somit ausgestattet mit allen Attributen der Umgebung, in der sie arbeiten. Und dennoch leben sie nicht gänzlich in dieser Welt. Sie sind im Dunstkreis, ganz nah und halten doch Distanz. Gibt es so etwas in der Tierwelt? Ich weiß es nicht, ich kenne nur eine Liedzeile von Neil Young: »Try to get close but not too close / Try to get through but not be through«.

Eines steht jedenfalls fest: Da gibt es einen Unterschied, eine andere Vergangenheit, einen anderen Blickwinkel, einen anderen Anspruch, ein anderes Gehalt. Eine Sekretärin kann nicht einfach durch ihre eigene Biografie springen, sie kommt oft aus einem anderen Milieu, vielleicht aus einer wunderbaren, aber nicht unbedingt akademisch geprägten Familie. Personaler würden das nicht offen aussprechen, aber diesen so genannten »Milieu-Check« gibt es in jeder Berufsgruppe. Machen wir uns nichts vor. Wir werden immer zwischen den Welten hängen, zwischen Kaschmirkleid und Kantinenkost. Auch das ist irgendwie schizophren – und zugleich eine große Stärke, die es uns erlaubt, auch in Armlängenentfernung zum Chef noch Abstand von seiner Welt und somit wertvolles Urteilsvermögen zu bewahren.

Die Emanzipation – der Chefs wohlgemerkt

Wir kennen es alle:
»Herr Dr. Listfeld, Herr Keller fragt nach Ihrer Antwort auf seine Mail. Ich konnte ihm dazu nichts sagen.«
»Och, ja. Die habe ich wohl weggeklickt beim Aussortieren. Aber den Termin mit Keller, den finden Sie in meinem Schedule, habe ich gleich als ›Repeat Date‹ eingetragen.«
»Schön. Was ist jetzt mit Ihrem Mailand-Flug morgen?«
»Ach, gut, dass Sie das ansprechen. Den müssen Sie noch canceln. Ich habe den jetzt doch im Internet gebucht, super Preis, ich konnte nicht widerstehen. Da könnte sogar noch meine Frau mitkommen. Online eingecheckt habe ich auch schon. Schauen Sie mal, ist das nicht genial: Habe mir die Bordkarte jetzt mal direkt auf das Display meines Blackberrys schicken lassen. Das muss ich dann am Flughafen nur noch auf den Scanner halten. Ganz ohne Papier. Toll, nicht?«
»Ganz toll.«

Die Führungsverantwortlichen haben in den letzten zehn Jahren angefangen, sich selbst zu managen: Der zeitgemäße Chef läuft heute »an der langen Leine« – zwischen sich und seiner Sekretärin die Technik, die er selbst bedient. Er hat sich emanzipiert. Das Leben ist schneller und komplexer geworden, die Reaktionszeiten und die Denkprozesse kürzer, die Kommunikation direkter. Man lässt nicht mehr ausrichten, man simst kurz selbst.

Das alles hat das Berufsbild der Sekretärin geändert wie kaum eine andere Entwicklung. Und gerade hier und jetzt wäre das »Sich-führen-Lassen« die einzige Rettung. Aber ehe es sich ein solcher Chef versieht, mutiert er zum potentiellen Ritalin-Einnahmekandidaten, der vor lauter Dynamik überall und nirgends ist und im Zweifel weit weg von den wirklich wichtigen Dingen.

Auf mich als Sekretärin färbt das ab, denn ich hänge mehr oder weniger direkt an seiner Nabelschnur. Ich mache dann irgendwie alles und nichts, suche Verantwortung im neutralen »Office Management«, in der Termin- und Reisekoordinierung. Aber das ist schlichtweg nicht möglich, wenn mein Chef seine Flüge selbst im Internet bucht. Und wenn ich beim Abteilungsleiter anrufe, um für meinen Chef einen Termin zu machen und eine Besprechung vorzubereiten, dann erzählt er mir, dass der das schon längst selbst erledigt hat. Nix mit Schnittstelle. Es mangelt an klarer Kompetenzzuordnung. So manche Sekretärin hat aufgehört zu strahlen oder zu leiden. Sie hat sich auch räumlich vom Chef entfernt, sitzt im voll verglasten Teambüro über Internet-Recherchen, Reisekostenabrechnungen, Datenmanagement und Power-Point-Präsentationen. Aber wenn der Chef dann die Kommunionsfeier seines Ältesten plant, muss sie trotzdem ran. Sie arbeitet selbständig, aber irgendwie dann doch wieder nicht.

Wir können nur so gut sein, wie der, für den wir arbeiten

Nein, ich will nicht die Schreibsäle zurück haben, die es noch bis in die siebziger Jahre für »einfache weibliche Tipparbeiten« gab. Aber besteht nicht die Gefahr, dass wir irgendwann genau dahin zurück kehren, während unsere Chefs vor lauter vibrierenden Smartphones und bimmelnden »You-got-mail«-Benachrichtigungen in einer hyperaktiven, ständigen Ablenkung von sich selbst und ihrem eigentlichen Job leben, weit weg von ihren Sekretärinnen?

Es ist jetzt schon so weit, dass die älteren Semester unserer Zunft mit Wehmut an die alten Patrons zurück denken: hart, aber gerecht, einiges abfordernd und ziemlich kantig. Aber die Kompetenz war auf beiden Seiten klar umrissen und die gegenseitige Loyalität groß.

Heute arbeiten gerade noch 30 Prozent aller Chefs und Sekretärinnen nach dem klassischen Muster der zwei-Personen-Kombo, zumeist auf Vorstands- oder Geschäftsführungsebene. Die anderen 70 Prozent haben nicht einen, sondern mehrere Chefs, arbeiten als Teamassistentinnen und Office Managerinnen auf verschlankten Führungsetagen, teilen sich ihre Arbeit selbst ein – mehr Inhalt, weniger Emotion. Noch in den 80-iger Jahren war dieses Größenverhältnis genau umgekehrt.

Ob Vorstandssekretärin mit Ming-Vase im Vorzimmer oder Teamassistentin mit Headset im Großraumbüro, eines haben wir alle gemeinsam: unsere Position pendelt zwischen Selbständigkeit und Abhängigkeit, Einfluss und Ohnmacht. Wo genau wir uns zwischen diesen Polen einfinden, hängt maßgeblich von unserem Chef ab. Mit ihm kann sich alles ändern, zum Guten oder zum Schlechten. Wenn intern der Chef wechselt, kann man plötzlich den Eindruck haben, man habe einen komplett anderen Job, arbeite in einer völlig anderen Firma – das kann Traum oder Alptraum sein. Chefs haben uns und unsere Zufriedenheit in der Hand. Diese Verantwortung bleibt bei der Führungskraft, die können wir ihm nicht mal eben bitte schnell abnehmen. Warum sollen wir ihn immer führen, da er doch eigentlich uns führen soll? So ein bisschen Orientierung brauchen wir auch, und die geht über die Flugrouten und Zeitzonen interkontinentaler Flüge hinaus.

Multiple Choice – raus aus der Matrix

Man kann in unserem Berufsfeld schnell den Überblick verlieren. Ein befreundeter Personalreferent hat mir einmal sein Leid geklagt:

»Jetzt will der eine »Europasekretärin« … Was kann die denn genau, was andere nicht können? Ich habe ihm dann eine tolle, erfahrene Geschäftsführungsassistentin präsentiert, da sagt der nur »Europa«. Und wenn ich dann endlich eine finde, dann fragt der mich, ob die auch Websites erstellen kann und sich im Professional Social Network auskennt. Gehört das denn automatisch auch zur Ausbildung, so wie Powerpoint? Können die noch Steno? Wie alt ist denn eine Sekretärin so, wenn die das alles drauf hat? Und ab wann kann ich »vorbereitende Buchhaltung« und »SAP-Kenntnisse« voraussetzen? Neulich hat sich eine »Internationale Office Managerin« bei mir vorgestellt, und ich habe ihr gesagt, dass wir momentan keine Fremdsprachensekretärinnen brauchen. Die hat sich gar nicht angesprochen gefühlt, ist einfach sitzen geblieben. Ach.«

Die armen Arbeitgeber versuchen deshalb, sich ihren Weg zu bahnen durch den unüberschaubaren Dschungel an Berufsbezeichnungen und der Sache auf den Grund zu gehen – sie legen »Profile« fest. Außerhalb dieser Matrix hat man nur schwer eine Chance, etwas Pulsschlag und Charakter ins Spiel zu bringen. Gehen Sie mal ohne Termin mit Ihrer individuellen Bewerbungsmappe, Ihrem individuellen Bewerbungsoutfit, Ihrer individuellen Stimme und Ihrer individuellen Ausstrahlung zu einem Personalvermittlungsunternehmen mit einladendem und offenem Empfangsbereich, um Ihre Papiere abzugeben. Sie werden sich fühlen wie ein/e Staubsaugervertreter/in mit Altfabrikaten im Kofferraum, da können Sie noch so viel strahlen und gewinnend seriös sein, denn es wird Ihnen nur ein Wort erwidert: »o n l i n e«, und wenn Sie Glück haben, wird die Tür noch aufgehalten. Man fragt sich, warum die überhaupt ein Büro brauchen, auf dessen Glasscheiben Worte stehen wie »Come to us and shape your future«. Zu Hause begeben Sie sich dann mit ihrem »Bewerberprofil« in das »Bewerberportal«, eine riesige virtuelle, anonyme Filterungsanlage. Dort zwängen Sie sich und Ihren Werdegang in vorgegebene Spalten und Zellen, laden Ihre Unterlagen hoch, drücken »Speichern« und »Weiter« und »Enter« und fragen sich, ob das jetzt wirklich alles geklappt hat. Mit viel Glück werden Ihre Daten in die finale Selektion passender »Büro- und Assistenzkräfte« gespült, da das System eine Eckdaten-Deckungsgleichheit feststellen konnte. Aber das will noch lange nicht heißen, dass sich bei Ihnen tatsächlich irgendwann einmal eine menschliche Stimme am Telefon meldet und Sie kennen lernen möchte. Gerade große Unternehmen mit innovativem Personalbereich digitalisieren uns gern im Vorfeld. Das tun sie stumm und anonym im Sinne von »Gebt alles von euch preis, wir geben euch erst einmal keine einzige Durchwahl. Wir wissen uns nicht anders zu helfen, weil wir uns sonst nicht mehr retten können.«

Man versteht, dass so manchem Chef angesichts dieser Tatsache mitunter die Lust vergeht, neue Menschen kennen zu lernen, weil er nicht mehr wirklich überrascht wird von Sekretärinnen wie aus einem Guss, die ein Portal passiert haben, durch das er selbst nicht gekommen ist. Die Richtige zu finden, kann mit oder ohne Bewerberportal ein harter Job sein. Davon wird jeder Personalverantwortliche ein Lied singen können, wenn er sich durch Fluten von Daten arbeiten muss und einen ungeduldigen, nach Entlastung dürstenden Chef im Rücken hat. Die Einstellung von Sekretärinnen plant man ja nicht, sie überkommt einen wie eine Naturkatastrophe.

Qualifikationsprofile

1. Die alte Schule

Auf diese Gruppe passt tatsächlich der Begriff »Dame«. Sie besteht in der Regel aus Anfang fünfzig- bis Mitte sechzigjährigen Sekretärinnen, die einerseits womöglich noch auf der guten alten Gabriele-Schreibmaschine mit Durchschlagpapier geschrieben haben, andererseits aber alle technischen Anforderungen eines modernen Sekretariats beherrschen, solange der Chef keine Makroprogrammierung oder mal eben mal schnell einen Russischkurs von ihnen verlangt. Die meisten haben eine einfache, klassische Sekretärinnenausbildung genossen. Hier trifft Chef oft auf die geballte Lebenserfahrung, Verlässlichkeit, Verbindlichkeit und erstklassige Umgangsformen, mitunter handelt es sich um äußerst gepflegte und attraktive Frauen, denen man ihr Alter nicht ansieht. Und wenn Jung-Chef den Mutterfaktor oder Alt-Chef die Augenhöhe braucht, dann ist er hier richtig. Diese Frauen gibt es allerdings kaum noch auf dem freien Arbeitsmarkt. Sie gehören zu der Generation, die ihren Arbeitsplatz noch als Lebensaufgabe und Altersvorsorge sehen, treu bis zum Ende. Den würden sie so schnell nicht verlassen.

2. Die »European Management Assistant« oder »Europasekretärin«

Die klassische Ausbildung für Geschäftsführungs- oder Vorstandssekretärinnen, die besonders Ende der achtziger bis Ende der neunziger Jahre im Trend lag. Absolventinnen sind nicht selten Frontkämpferinnen mit Topqualifikationen, oft dreisprachig, samt Abitur und Auslandserfahrung, mit hoher Identifikation und viel Engagement – und eben auch oft mit Ansprüchen, denen es zu genügen gilt. Wenn das der Fall ist, bekommt Chef unter Umständen eine Topentlastung. Dieser Kategorie gehören die Mitte Dreißig- bis Ende Vierzigjährigen an – die letzte Generation der Frauen, die Abitur und Elan haben und trotzdem Sekretärin geworden sind. Die Fluktuationsrate war hier lange so hoch wie die der entsprechenden Chefs. Mittlerweile kommen auch diese Frauen in die Jahre und werden sesshaft, denn ab Mitte vierzig sind sie hinter vorgehaltener Hand »schwer vermittelbar«, da teuer und alt – ein oberflächlicher und vorschneller Schluss.

3. Die Fremdsprachensekretärin, Sekretärin und/oder Teamassistentin

Dieser Gruppen gehören die meisten der 490.000 Sekretärinnen an (schätzungsweise 70 Prozent). Sie entsprechen in Qualifikation und Arbeitsweise am meisten dem aktuellen Trend unseres Berufs und bewegen sich in der Altersklasse der Mitte Zwanzig- bis Mitte Dreißigjährigen: Schulabschluss, bürokaufmännische Lehre oder zweijährige Sekretärinnenausbildung, früh im Job. Sie definieren sich oft nicht nur über einen = »ihren« Chef, sondern über ein Aufgabengebiet, in dem es die Arbeitsaufträge mehrer Chefs zu koordinieren und zu erledigen gilt. Sie sind Serviceprovider, bei denen Multitasking und Teamarbeit im Vordergrund stehen, wobei Chef-Zuordnung und Verantwortlichkeiten oft weniger klar umrissen sind. Die Arbeitgeberbindung ist weniger eng als früher, man wechselt schneller, probiert mehr aus, ist universell einsetzbar. Fazit: weniger personen-, mehr fachorientiert, weniger Intimität, mehr Neutralität.

4. Die Akademikerin

»Als ich meine Halbtagsstelle kündigte, weil ich nicht ausgelastet war, stellte man eine Akademikerin in Vollzeit ein, was für die Firma wahrscheinlich noch nicht einmal teurer war.« – auch solche Äußerungen kommen aus dem Sekretariatsbereich. Akademikerinnen haben heute einen Anteil von 9 Prozent im Sekretariat, bei den Chefsekretärinnen sind es mittlerweile gar 20 Prozent. Das mag für die Qualität und das Zukunftspotential dieses Berufes sprechen, wirft aber meiner Meinung nach eher ein Licht auf die derzeitige Arbeitsmarksituation für Akademiker: Fluten von Bologna-geprägten Bachelor-Absolventen, die noch keine 25 sind, bringen ganze Jobcenter in Lohn und Brot – nur eben sich selbst nicht. Die jungen Frauen dieser Generation »rutschen so ins Büro«, wie sie sagen, und zwar mangels angemessener Perspektive. Im Zweifel servieren sie ehemaligen Kommilitonen Kaffee und glätten unauffällig und selbstlos die Schwächen jener Männer, die gerade so durchs Studium gekommen sind, aber eben BWL statt Kunstgeschichte studiert haben.

5. Die Frau auf der Innenbahn

Diese Gruppe der Umschülerinnen oder wieder in den Beruf einsteigender Mütter gilt es – auch oder gerade im Sekretariat – nicht zu unterschätzen. Es gibt Frauen, die bisher hinter der Theke einer Bäckerei standen und sich anschließend im Sekretariat zu wahren Managerinnen entwickelten. Sie sind die klassischen Kandidatinnen für ein alternatives Zeitmodell im Sekretariat, das es leider viel zu selten gibt – Deutschland einig Vollzeitland … Man stellt lieber befristet statt Teilzeit ein. Der eine oder andere Chef mag befürchten, dass diese Frauen weniger qualifiziert sind, dass sie Dienst nach Vorschrift machen, da das Sekretariat für sie Notlösung zum Broterwerb, Nebenverdienst oder Ablenkung ist, was im Übrigen ihr Gehalt oft vermuten lässt. So schließt sich die Schublade. Wenn er aber Glück hat, bekommt er jemanden, der über den Tellerrand des Jobs hinweg schaut, weniger verbissen und dafür entspannter ist und die geballte Lebenserfahrung, Pragmatismus und/oder Zweittalente aus Zweitjobs mit einbringt.

Die Unterscheidungspalette in Sachen Charakter, Arbeitsweise und Chemie ist nicht in Worte zu fassen. Identifikation und Auswahl unserer Qualitätsmerkmale bleiben gänzlich der Führungskraft überlassen. Aber sie sollte sich eines durch den Kopf gehen lassen: Das Sekretariat ist eine der wenigen Positionen, in denen starke und fähige Charaktere bedenkenlos zugelassen werden können. Hier sitzt die Frau, die den Chefs rein positionsbezogen und qua Definition nicht gefährlich werden kann und im Zweifel ihre Stärken zu Stärken des Chefs macht.

Alter, Optik und Chemie

Das Alter – ein Fall spricht für sich

Ich kündigte bei Herrn Dr. Listfeld, fristgerecht. Und dann fing es eben an – die Suche nach meiner Nachfolgerin, die Vorstellungsrunden, die Kandidatinnen, die Qualifikationen, das Aussehen, das Alter. Eine der Sekretärinnen aus der engeren Wahl war circa zehn Jahre jünger als Herr Dr. Listfeld. Sie war nicht mehr die Jüngste, fand er. Dabei stimmten Werdegang und Qualifikationen auf wunderbare Weise. Ja, vielleicht hatte sogar bereits so etwas wie Chemie in der Luft geflimmert. Und von der Optik her konnte er sich schon mit ihr sehen lassen, fand er, nichts Spektakuläres, ja gut, aber durchaus vorzeigbar. Es gab jedoch noch eine Komponente, die ihm Kopfzerbrechen bereitete:

»Frau Münk, ich finde die Kandidatin ja bereits sehr erfahren.«
»Das ist doch schön. Was haben Sie gegen Erfahrung?«
»Sie verstehen nicht, ja, also, eigentlich meine ich, nun ja – in die Jahre gekommen?«
»Nur weil sie gesagt hat, dass sie in ihrer Freizeit gerne Earth, Wind & Fire hört? Sie ist doch genauso alt wie ich, Herr Dr. Listfeld, Jahrgang 1964. Also Danke für das Kompliment …«
»Ach tatsächlich. Sie auch? Kommt mir gar nicht so vor. Und überhaupt, Sie sind ja schon so lange hier.«
»Das ist jetzt nicht logisch.«
»Ist es sehr wohl, Frau Münk: Diese Frau müsste genau genommen acht Jahre jünger sein, um beim Einstellungszeitpunkt dieselben Voraussetzungen zu haben, die sich bei Ihnen bewährt haben.«
»Hm. Aber denken Sie doch mal an den demografischen Wandel. Der durchschnittliche Arbeitnehmer wird älter. Und mehr als zwei Drittel der Manager wie Sie glauben, dass sich diese Entwicklung positiv auf ihre Karriere auswirken wird, weil Wissen und Erfahrung länger gefragt sein werden.«
»Nun werden Sie mir hier mal nicht kompliziert. Wollen Sie das etwa auch auf die Sekretärin für mich übertragen?«
»Warum nicht? Haben Sie übrigens schon einmal die Stichworte ›Alter‹ und ›Sekretärin‹ gegoogelt? Da kommt dann ›alter Sekretär mit Aufsatz, gebraucht, aber wie neu, zu verkaufen nur an Selbstabholer‹.«
»Ach, Frau Münk, lassen wir das. Sagen Sie mir mal lieber, was ich jetzt machen soll. Die wird ja auch nicht jünger. Genau genommen dürfte unsere Personalabteilung die in diesem Alter gar nicht mehr einstellen.«
»Was? In dem Alter nicht mehr einstellen? Warum?«
»Pst, Frau Münk, nicht so laut. So etwas denken wir, aber wir sagen es doch nicht. Die ist über 45, haben Sie das immer noch nicht verstanden?«
»Hätten Sie denn gern ›was Jüngeres‹?
»Also, Frau Münk, das hört sich ja an, als wären wir an der Käsetheke.«
»Entschuldigung.«
»Ich meine, die ist ja auch teurer, nicht?«

»Dafür wird sie nicht mehr schwanger.«

»Was haben Sie gegen Mütter, Frau Münk?«

»Ich? Rein gar nichts natürlich. Entschuldigung, wenn das so klang.«

»Wir sollten hier doch wirklich jeder Kandidatin dieselben Chancen einräumen.«

»Selbstverständlich. Eben.«

»Meinen Sie, die hat alles so drauf, den modernen Kram, Internet, Voice over IP und so?«

»Sie kommt doch aus einem Vorstandssekretariat. Die wurde ja nicht wie Kaspar Hauser im Wald aufgelesen.«

»Nun bleiben Sie aber mal fair, Frau Münk.«

»Entschuldigung. Ich will nur sagen, sie wird schon mit allen Wassern gewaschen sein.«

»Mit allen Wassern? Hm, ich weiß gar nicht, ob ich das wirklich will. Also, ich glaube, ich nehme doch die Jüngere.«

»Die von der Fremdsprachenschule? Die vor einem Jahr bei DSDS in die vorletzte Runde gekommen ist?«

»Herrje, sie wird doch wohl tippen und organisieren können. Dafür ist sie formbar, flexibel, kostet die Hälfte. Ich bin ja auch mehr der Typ für was Munteres, was Frisches, so ganz offen für Veränderungen.«

»Welche Veränderungen?«

»Ich meine so allgemein. Wir wollen doch mit der Zeit gehen.«

»Und was sage ich dann der älteren Kandidatin?«

»Liebe Güte, da wird Ihnen schon etwas einfallen. Sagen Sie doch einfach, dass wir der Jugend auch eine Chance geben müssen. Ach, und noch was: Könnten Sie unter diesen Voraussetzungen die Einarbeitungszeit um zwei Wochen verlängern? Die ist ja noch nicht so erfahren. Und vielleicht sollten wir fürs Erste auch eine Halbtagskraft dazunehmen? Die kann dann meinetwegen auch etwas älter sein.«

Wie sieht es mit dem Haltbarkeitsdatum von Sekretärinnen aus? Darüber gibt tatsächlich, wie passend, die Stiftung Warentest Auskunft. Sie zitiert im Bereich Bildung und Soziales den Leiter der Berufs- und Qualifikationsforschung beim Institut für Arbeitsmarkt- und Berufsforschung der Bundesanstalt für Arbeit:»Neben den fachlichen Qualifikationen sind Lebenserfahrung und eine gefestigte Persönlichkeit unverzichtbar. Zwar ist die Tätigkeit über alle Altersstufen hinweg zu leisten. Es zeigt sich aber, dass das Durchschnittsalter steigt.«

In der schnelllebigen Berufswelt scheint es tatsächlich eine Werteverschiebung in Richtung Kontinuität und Erfahrung zu geben. Das entspricht einer Alterspyramide, die auch vor den Sekretärinnen nicht haltmacht. Da müssen die Chefs jetzt durch, wenn sie wirklich so zukunftorientiert sind, wie sie sagen. Aber die betriebliche Wirklichkeit sieht anders aus, macht immer noch so mancher »älteren« Sekretärin einen Strich durch die Rechnung: In einigen Unternehmen gibt es einen inoffiziellen Einstellungsstopp für Frauen über 45. Und die bleiben dann lieber, wo sie sind. Ab vierzig ändert man nicht mehr so schnell Job und Leben. Unter den Sekretärinnen gibt es immerhin einen überproportional hohen Anteil an Ledigen, die für ihren Lebensunterhalt und für ihre Rente gänzlich allein aufkommen müssen.

Man möchte den Chefs zurufen: »Mut zum Alter – nur weil wir lediglich zehn Jahre jünger sind als ihr, gehören wir längst noch nicht zum alten Eisen! Und wenn ihr tatsächlich jünger seid als wir, dann braucht ihr erst recht ein paar Lebensjahre mehr im Büro.«

Nicht ich werde älter, sondern mein Kameramann.
Doris Day

Die Optik – die Macht des Unbewussten und das Kostüm

Etwas über die Optik von Sekretärinnen zu schreiben, wenn man selbst eine ist, gleicht im Schwierigkeitsgrad einem Spagat auf dem Schwebebalken. Noch dazu kenne ich ganz einfach viel zu viele Frauen, die überhaupt nicht so arbeiten, wie sie aussehen. Dieses Kriterium taugt nicht dazu, einen Menschen zu beurteilen. Das sagt mir mein Verstand, und niemand würde mir widersprechen. Der Verstand meines Chefs tickt genauso, aber er hat auch ein ausgesprochen unbekümmertes Verhältnis zu seinem Unterbewusstsein: »Frau Münk, es ist einfach: Was die Optik bei Menschen angeht, gibt es nur zwei Wahrnehmungen in den Köpfen – attraktiv und unattraktiv, vielleicht mit viel Glück noch ›ganz nett‹. Das Gehirn kann nicht unendlich viele Informationen verarbeiten, es muss das Wichtige vom Unwichtigen trennen und sich entscheiden, Management eben ...«

Und genau hier liegt die Crux, da können wir uns noch so neutral und aufgeschlossen geben: Ein erstes Urteil ist sekundenschnell gefällt, aus der Laune eines Augenblicks heraus, und das lässt sich fatalerweise eins zu eins ins Berufsleben übertragen. Die Optik ist eben auch hier kein unwesentlicher Faktor. Eine besondere Rolle spielt sie noch dazu bei uns Sekretärinnen: Hier wird die Auswahl zum persönlichen Anliegen, denn wir sind lebende Visitenkarten. Und die sollen ja schließlich auch keine Eselsohren haben. Schmückende Blackberries und iPhones sind heute ästhetisch unangreifbar. So etwas überträgt »Mann« fatalerweise auch gern auf seine persönliche Assistentin. Das geschieht nicht böswillig, sondern unterbewusst. Vielleicht möchte sich ein Chef in seiner Eigenschaft als Manager und Führungskraft etwas komplexer und reflektierter in seinem Beurteilungsvermögen dargestellt wissen. Niemand lässt sich gern sagen, dass er seine Leute nach Aussehen vorsortiert. So manche Sekretärin würde auch empört verneinen, dass ihr Chef so denkt. Aber da machen ihm so einige seiner Hirnareale einen Strich durch die Rechnung, denn sie sorgen dann doch für eine Zehn-Sekunden-Vorsortierung: In dem Moment, wenn er beispielsweise schwungvoll und nonchalant den Besprechungsraum betritt, sein Blick auf die Kandidatin für sein Sekretariat fällt und diese ein attraktives Gesicht hat, wird in seinem Hirn eine Belohnungsreaktion ausgelöst. Dadurch wird Aufmerksamkeit evoziert und bereits eine Art Bindung angelegt, denn evolutionsbedingt müssen wir schnell wissen, mit wem es sich lohnt, sich zu verbinden, und mit wem nicht. Dass es hier tatsächlich »nur« um eine Sekretärin zur Sicherstellung des Büromanagements und nicht um die Mutter seiner zukünftigen Kinder geht, weiß sein Gehirn in diesen ersten zehn Sekunden noch nicht (nachher schon glücklicherweise). Und was die Sache nicht einfacher macht: Der Kandidatin ihm gegenüber geht es umgekehrt genauso, und sie achtet sogar noch auf ganz andere Dinge.

Ausstrahlung, Individualität, Intelligenz und Empathie stehen ganz oben auf der Liste – so weit das Lippenbekenntnis der Chefs. Das alles ist ohne Frage wichtiger als Größe 36. Nur muss es für sie wohl verdammt schwierig sein, sich bei Größe 46 ganz souverän und selbstverleugnend auf strahlende Augen und eine entwaffnende Klugheit zu konzentrieren. Ein Chef sollte ab einem gewissen Punkt den Kampf gegen sein Unterbewusstsein antreten, statt mit ihm zu flirten, und sich in Erinnerung rufen, dass er nicht Jurymitglied bei Germany's Next Top Model ist. Er wäre besser beraten, beispielsweise zu überdenken, wie viel Außenkontakt seine Sekretärin wirklich haben wird. Wird sie mit in Meetings und/oder auf Reisen gehen, präsent bei Verkaufsverhandlungen sein? Oder wird sie doch hauptsächlich die Frau vor dem Bildschirm und am Telefon sein? Letzteres ist wohl häufiger der Fall. Und die Spannbreite dessen, was man gerne »eine gepflegte Erscheinung« oder »ein angenehmes Äußeres« nennt, ist groß, das sollte »Mann« wissen. Er sucht keine Partnerin, er sucht eine Mitarbeiterin. Das weiß er. Aber es kann nicht schaden, es ihm noch einmal zu sagen.

Wenn man jetzt den Schritt von der gefährlich allgemeinen Optik zur gefährlich speziellen Kleidung macht, so hört man hin und wieder den Satz, es käme darauf an, sich in ihr wohlzufühlen. Das stimmt im Job nur bedingt, wenn man ehrlich ist. Da gibt es schon ein paar Tage, an denen man unter Kostümermattung leidet, oder? Wohl fühlt man sich zu Hause auf dem Sofa, und da trägt man in der Regel eben nicht Kostüm oder Hosenanzug. Im Büro kommt es vielmehr darauf an, in seiner Kleidung gut auszusehen und dabei die Codes einer Umgebung zu kennen, der man sich einerseits möglichst gekonnt durch eine gewisse Textilien-Dressur anpasst, ohne sich andererseits selbst verleugnen zu müssen. Man versucht, eine »Wohlfühl-Ähnlichkeitswirkung« zu erreichen – Wohlfühlen im Sinne von nicht auffallen, angemessen auffallen oder positiv auffallen. Das ist leichter gesagt als getan. Dafür gibt es keine Gebrauchsanleitung. Meistens ist es doch so: In der Welt des männlichen grauen Zweireihers, die höchstens einmal durch Pulli tragende Fiat-Chefs oder ochsenblutfarbene Pferdelederschuhe zum dunkelblauen Anzug ins Wanken gerät, passen wir Frauen uns mit risikolosen, farblich unauffälligen Tarn-Einreihern an und werden zumindest optisch so stromlinienförmig, wie die Männer es schon immer waren. 90 Prozent aller weiblichen Outfits für das Vorstellungsgespräch bestehen aus Kostüm oder Hosenanzug – grau, schwarz oder dunkelblau. Das ist verständlich, denn über Frauenkleidung redet man, über das neue Sakko des Personalleiters nicht. Bei uns kann der Blick an so allerhand hängen bleiben – auch deswegen, weil die Wahrscheinlichkeit, dass wir mit unserer Kleidung etwas falsch machen, nun einmal viel größer ist als in der uniformen Männerwelt. Es entsteht eine Risikolage, wenn wir uns weder grau und unvorteilhaft noch bunt und provokativ, weder zu langweilig noch zu schick kleiden wollen und uns dabei von Orsay bis

Gucci die gesamte Angebotspalette zur Verfügung steht oder eben auch nicht (s. Kapitel Gehälter). Also machen wir Frauen daraus kurzerhand eine berufliche Zusatzqualifikation. Manche suchen gar Zuflucht in der Farbenlehre: »geselliges Orange«, »dramatisches Rot«, »vornehmer Kastanien-Ton«, »rationales Blau«, »gelassenes Petrol«, »stabiles Braun«. Männer kriegen diese Nuancen durch Auftreten und Tonfall hin, sind auch in hellbraun sehr stabil und in blau mitunter irrational. Sie ziehen sich nicht so an, sie sind so. Wozu brauchen Frauen dann Farben dazu? Kein Mann wird wissen, »dass vertikale, gerade Streifen für Autorität und Respekt stehen« und dass er darauf achten sollte, »dass Breite und Abstand der Nadelstreifen zu seinen Gesichtslinien passen, da diese sonst seine Falten noch vertiefen«.

Sicher, Achtsamkeit bei individueller Kleidung, Make-up und Frisur lohnen sich immer, denn man weiß nie, was das Leben für einen bereithält. Von der Sekretärin wird jedoch qua Funktion erwartet, dass sie sich anpassenderweise ebenso elegant kleidet wie ihr Chef – auch wenn sie hundert Meter weiter im Großraumbüro sitzt, weder regelmäßig in Meetings noch auf Reisen ist und ihren externen Auftritt nur bei der Begrüßung von Gästen oder beim mittäglichen Gang in die Kantine hat. Für sie gilt vielerorts derselbe Dresscode wie für eine Frau, die selbst eine Führungsposition hat. Aber Aufwand und Nutzen stehen hier nicht ganz im gleichen Verhältnis, solange die Sekretärin in »Boss for Woman« und auf Pumps Ordner einräumt oder eben mal zwischendurch die hintere Einzugsschiene des Kopierers repariert. Das Aufgabengebiet deckt ein bunt gefächertes Tätigkeitsfeld ab, der Dresscode dagegen nicht. Das erfordert eiserne Disziplin. Und diese kleine Diskrepanz sollte den Chefs bewusst sein. Das andere Extrem, nämlich eine völlige Ignoranz dessen, wie die eigene Sekretärin so durch die Gegend läuft, lässt dagegen auf eine allgemeine Gleichgültigkeit gegenüber ihrer Person und ihrem Stellenwert schließen.

Und ein Chef, der immer noch glaubt, Frauen kämen im Rock und mit Ute-Lamprecht-Beinen auf die Welt und flache Schuhe seien keine Alternative, sondern eine Krankheit, sollte eines bedenken: Das so genannte Matching muss noch halbwegs passen: Das heißt, er selbst muss auch verdammt gut aussehen und/oder ziemlich gut beziehungsweise verdammt weit oben arbeiten, um sich ein Model als Sekretärin leisten zu können, ohne dass es sonderlich auffällt.

Die Chemie – wenn die Worte Pingpong spielen

Stellen Sie sich vor, Sie sitzen in einem Vorstellungsgespräch: Irgendwann wird Ihr Gegenüber nicht nur gut oder schlecht aussehen, nett oder anders gucken, einfach so dasitzen, sondern auch den Mund aufmachen und damit etwas von dem preisgeben, was Hirn und Herz zu bieten haben. Sie werden nach den ersten paar Sätzen wissen, ob Sie spontan mehr hören möchten oder auch lieber nicht, und somit schnöde Höflichkeit vor echtem Interesse walten lassen. Beobachten Sie sich und Ihr Gegenüber:

Wenn die Chemie stimmt, heben sich Mundwinkel und Augenbrauen langsam, die Worte kriegen Betonung, die Sätze mehr Geschmeidigkeit. Der Dialog ähnelt bald einem flotten Pingpong-Spiel, bekommt ganz sachte kaum wahrnehmbare Elemente der Verständigung, die keiner Worte bedürfen. Man fasst Vertrauen. Mimik und Sitzhaltung gleichen sich an, ein Lächeln huscht über die Gesichter, erst absichtlich, dann zusehends spontan. Das Wörtchen »Ja« oder bei den weniger Euphorischen »Ach, ja, durchaus« wummert im Hinterkopf. Und man weiß nicht, ob man nun mit seinem Gegenüber oder nicht vielmehr mit sich selbst äußerst zufrieden sein soll über diesen derart erfreulichen Verständigungsgrad. Es wird lockerer, ein Lacher hier und da, und die Unterhaltung verlässt auch mal die faktischen Grenzen, unternimmt einen Ausflug zu all den Dingen, von denen man nicht unbedingt berichten müsste. Aber es ist einem danach, man will nett und einzigartig sein, und man ist es erstaunlicherweise tatsächlich. Es sprudelt aus einem heraus, es kommt gut an, und es wird zurückgesprudelt. Oder es wird eben nicht locker gesprudelt, und dennoch meint man, eine hohe Übereinstimmung, eine perfekte Choreographie eben im Nicht-Sprudeln zu erahnen. Spiegelneuronen torkeln durch die Luft, wollen sich umordnen, aufladen, entladen – egal, Hauptsache, ein Bindungsverhältnis eingehen. Man verlässt den Raum in einem angenehmen, neuen Aggregatzustand und hofft auf Wiederholung der Versuchsanordnung.

Ja, so stelle ich mir die Chemie, die stimmen soll, vor – zumindest am Anfang. Oder ist das jetzt doch zu idealistisch? Zu weiblich? Nicht anwendbar im Job, in einem Besprechungsraum mit heruntergekühlter Luft und nichts als Wasser auf dem Tisch? Da entscheidet ein Chef sich vielleicht eher für den Schnelldurchlauf: Abgleichen der Qualifikation und Anforderungen, kurzes Scannen und Checken, zack, nach zwanzig Minuten fertig – ein halbherziger, aber immerhin schneller Kompromiss. Chemie? War zuletzt in der Schule dran. Wie schade. Denn sie ist wichtig, selbst wenn von anfänglichen hundert Prozent am Ende noch die Hälfte übrig bleibt, dann ist das wunderbar:»Oh, er ist ein Charismatiker, bringt mich zum Lachen und will mich fördern.« »Sie ist echt clever. Können wir sofort einstellen.« So fangen Arbeitsbeziehungen an. Zwei Jahre später sagt sie vielleicht:»Eigentlich ist er aber ganz okay.« Und er:»Sie schreibt schnell.« Es ist eben wie in jeder ganz normalen Beziehung: Nach 1,5 Jahren ist es vorbei mit den Botenstoffen, die unser Hirn beflügeln, und aus dem »Warum« wird ein »Trotzdem«. Deswegen sollte gerade am Anfang einer Arbeitsbeziehung die Messlatte in Sachen Chemie hoch gelegt werden. Sie fällt sowieso von allein, spätestens wenn er ihr die erste Privatkorrespondenz auf den Tisch knallt.

Einem Chef kommt unter Umständen niemand so nah im Job wie seine Sekretärin, und das soll man bitte nicht falsch verstehen. Sie definiert sich über ihn und darüber, wie er arbeitet, lebt mehr oder weniger seinen Rhythmus und erfährt Dinge, die andere Mitarbeiter lieber nicht wissen sollen und wollen. Da kann die Chemie zum wichtigsten Schulfach werden! Es geht dabei a) um Augenhöhe und b) um Wertschätzung oder eben Respekt. Wenn die fehlen, ist es mit der Chemie dahin. Sie basiert sehr stark darauf, dass man gleich »tickt«, etwas von sich selbst im anderen wiedererkennt. So eitel sind wir nun einmal. Ähnlichkeit schafft Vertrauen, sagen die Soziologen.

Ganz wenige Chefs sehen stattdessen Gegensätze als den Kern für kreatives Potential, und bei den richtig guten stimmt die Chemie dann trotzdem noch. Denn echtes Management zeichnet sich dadurch aus, dass man die Leute um sich herum schart, die das haben, was man selbst nicht hat. Das kriegen leider die wenigsten Chefs vollumfänglich auf Dauer hin. Im Sekretariat beschränkt sich das meistens auf ein kokettierendes »Ich bin ein Chaot und brauche eine Frau, die die Ordnung liebt.« Bei dieser Paarung können Krisen aber auch geradezu vorprogrammiert sein – zumindest so lange, wie sie jeden Abend sogar den Stenoblock wegschließt und er die kompletten Bilanzzahlen offen auf dem Schreibtisch liegen lässt wie eine Socke in der Wohnung und einfach geht. Das Ähnlichkeitsprinzip ist unter Umständen zumindest im Sekretariat das erfolgversprechendere Modell.

Der Sekretär – ist ein Möbelstück

Im Bewerbungspool auf meine Stelle, die ich verlassen wollte (s. Kapitel »Alter«), gab es eine echte Allgemeine Gleichstellungsherausforderung: einen Mann, als Sekretär. Quel Schock. Mein Noch-Chef ließ die durchaus qualifizierte Bewerbung samt Bestnoten diskret auf den Absage-Stapel gleiten. Er empörte sich nicht, kein Kommentar, höchstens eine hochgezogene Augenbraue – Toleranz durch Nichtbeachtung eben. Er räumte dem Bewerber durchaus ein Recht auf Berufsausübung ein, nur eben nicht bei ihm.

Zur Bestätigung der Geschlechtsidentität stellt das Sekretariat unvermeidliche Rahmenbedingungen bereit, die so optimal sind wie der mittlere Amazonas für amphibische Sumpfpflanzen. Ein Mann, der sich als Arbeitskraft ins Vorzimmer verirrt, oder eine Frau, die sich tatsächlich durchs Dickicht auf den Echtleder-Chefsessel durchgekämpft hat, bringen das biologische Gleichgewicht auch heute immer noch gehörig durcheinander. In der Service-Gastronomie und den klassischen Pflegeberufen sind Männer heute schon fast paritätisch vertreten, im Sekretariat machen sie knappe 2 Prozent aus. Denn Jungs lernen früh, Hierarchien zu erkennen und sich einen entsprechenden Platz darin zu erkämpfen, während Mädchen dafür belohnt werden, andere zu unterstützen, und dazu tendieren, ihre eigenen Leistungen nicht so publikumswirksam in den Vordergrund zu stellen. Somit erklären sich ganze Berufsbilder.

Dabei war das »Bureau« im feudalistischen Frankreich beispielsweise durch und durch männlich besetzt. Wer dort saß, hatte eine eindeutig staatstragende Vertrauensposition, war Geheimnisträger. Die spätere Mechanisierung des Büros durch Schreibmaschine und Telefon vereinheitlichte Arbeitsinhalte, beschleunigte, verbilligte und disqualifizierte die Büroarbeit. Heute ist ein Sekretär in 98,5 Prozent aller Fälle ein altes Möbelstück. Unser Job ist eine der seltenen Domänen ohne männliche Konkurrenz.

»Sollte es hin und wieder eine männliche Sekretärin geben, ist davon auszugehen, dass er entweder Privatsekretär eines berühmten und/oder reichen Mannes ist oder, sofern er in einem Unternehmen arbeitet, auf keinen Fall ›Sekretär‹ heißt, sondern ›Assistent‹, ›persönlicher Referent‹ oder irgendetwas mit ›Manager‹«, sagt die Soziologin Uta Brandes.

In den Vorstandsetagen kann es passieren, dass eine Assistentin (weiblich, Sekretärin) einem Assistenten (männlich, Hochschulabschluss) assistieren muss. Ich selbst habe mich immer damit getröstet, dass der Assistent bei Meetings und öffentlichen Terminen meinem Chef die Akten hinterhertragen musste, immer zwei bis drei Schritte hinter ihm, während ich im Büro bleiben und mich somit dieser öffentlich zelebrierten, sehr dienenden Dienstleistung entziehen durfte. Aber immerhin kann ein Assistent irgendwann selbst Vorstand werden. Und ich bleibe eben, wie gesagt, im Büro.

Trotz aller Abgrenzungs- und Qualifizierungsbemühungen bedienen wir Sekretärinnen mit unserem Beruf immer noch das klassische Frauenbild der fleißigen, dienstbaren und abrufbereiten guten Fee im Hintergrund – nur dass wir zum Arbeiten das Haus verlassen. Die Realität mag heute andere Akzente setzen, aber das Image bleibt unverändert. Kaum ein Mann möchte einen solchen Job wirklich in Kauf nehmen. Kaum ein Mann traut sich das.

Es ist so schade. Ich habe bei einem meiner Vorstellungsgespräche einmal einen klassischen Sekretär erlebt, der nicht aus Holz war und zwei Ohren hatte. Er hatte einen bewundernswerten Elan, sprühte vor lauter Tatendrang, guter Laune, Fantasie und Service und machte einen Topjob. Ich hätte als seine Nachfolgerin ein schweres Erbe angetreten. Denn dieser Mann im Sekretariat kannte alle diese typisch weiblichen Probleme nicht, die daraus resultieren, dass wir uns an den Männern aufreiben. Wie auch? Als Mann. Sein Chef muss eine Ahnung davon gehabt haben, wie wertvoll eine hohe Kombinationsquote aus weiblichen und männlichen Charakter- und Arbeitsmerkmalen für den Job im Sekretariat sein kann. Bestes Beispiel: Die Sekretärin des Jahres 2008 war ein Mann, der sich im bundesweiten Wettbewerb der Firma Leitz gegen die durchweg weibliche Konkurrenz durchsetzen konnte. Leider trifft man auf diese seltenen Exemplare vorwiegend in den Vorzimmern von Werbeagenturen, für die ungewöhnliche Aushängeschilder zur Geschäftsphilosophie gehören.

Ich würde ansonsten eher weiblichen Führungskräften zutrauen, einen Mann als Sekretär einzustellen. Nur, wo sind die Chefinnen? Ganz oben gibt es Frau Merkel, ja. Aber in der Wirtschaft kann man die Anzahl der Frauen unter den Vorständen der Dax-Unternehmen an einer Hand abzählen. Für Großunternehmen generell gilt: Nur 5,7 Prozent der Topmanager sind weiblich. Im mittleren und unteren Management sind in Deutschland nur 20 Prozent aller Teamleiter-Positionen in der Hand von Frauen. Ein Ende der Herrlichkeit ist nicht absehbar. »Was die Gleichberechtigung angeht, so ist die Wirtschaft immer noch der geschlossenste Bereich der Gesellschaft«, sagt Frau Merkel. Ja, wem sagt sie das.

Das Gehalt – Karten auf den Tisch

Viele meiner Arbeitgeber haben mich als Sekretärin geködert mit »allen Möglichkeiten eines Großunternehmens«, »Internationalität«, »Einbindung in Projekte«, »netten, jungen Teams«, »zentraler Lage«. Die Bezahlung dagegen schien sich von selbst zu verstehen, wurde beim Vorstellungsgespräch nur kurz angesprochen und nur selten verhandelt. Gehalt als in Maßen bewegliche Requisite? »Och, da sprechen Sie mal mit unseren Personalern, das kriegen wir schon hin«, »Nun, soviel ich weiß, …« – viele Chefs outeten sich in puncto Gehaltsgefüge für Sekretärinnen als absolute Runabouts, hatten sich vorher nicht schlau gemacht. Sie kennen ja oft auch nur zwei Messlatten: die der wenigen weiblichen Führungskräfte um sie herum oder die der eigenen Gattin, die in den selteneren Fällen als Sekretärin arbeiten dürfte. Glaubt man etwa, wir würden uns – typisch weiblich – mehr der Erfüllung hingeben und weniger dem Geld? Nein, es geht uns *nicht* um ideelle Werte bei der Arbeit, nicht um die bloße Nähe zu Männern, die Dinge entscheiden und damit eben auch gut verdienen, nicht um die bescheidene Möglichkeit, unsere Fremdsprachenkenntnisse und Organisationstalente ausleben zu können. Denn auch wir arbeiten für GELD, Bares ist Wahres. Nicht alle von uns sind verheiratet, und wenn, dann brauchen wir unser Gehalt als Zweiteinkommen. Wir arbeiten nicht, »um auch mal wieder rauszukommen«. Nein, wir bezahlen davon nicht nur Lippenstifte, Fruchtgummis und Wasserflaschen, sondern unter anderem unsere Miete, unsere Verkehrsverbund-Karte und den Inhalt unseres heimischen Kühlschranks, den wir selber füllen müssen. Wir sollten die Höhe unseres Gehalts viel nachdrücklicher verhandeln. Unsere Chefs machen es schließlich in einer ganz anderen Liga nicht anders. Aber wie oft lassen sie uns gehen, ohne auch nur den Versuch zu unternehmen, uns einfach mehr Geld zu bieten? Wie oft nicken wir im Vorstellungsgespräch viel zu schnell, wenn die in Aussicht gestellte Entlohnung auch nur in etwa dem entspricht und nicht weniger ist, als wir in unserer vorherigen Position hatten. Oder wenn ein Personaler sagt, der Gehaltswunsch liege »im Rahmen«, dann sollte man nachfragen, wo denn dieser »Rahmen« genau anfängt und – wichtiger – wo er genau aufhört, und sich nicht mit einer generösen »zusätzlichen Erstattung der Fahrtkosten im Nahverkehrsbund« in Höhe von 50 Euro im Monat zufriedengeben. Ein Gehalt nachträglich signifikant zu erhöhen, ist immer schwieriger.

Wir Sekretärinnen sind auch nur Menschen, und die reagieren beim Thema Geld nun einmal eindimensional. Das ist wissenschaftlich bewiesen (wir können also gar nichts dafür): Eine Forschergruppe um den Bonner Ökonomen Armin Falk stellte bei 24 Probanden in Hirnscannern fest, dass es in einer bestimmten Hirnregion zu einer stärkeren Sauerstoffsättigung im Blut kam, wenn diese sich gedanklich mit Geld beschäftigten – und zwar umso ausgeprägter und stimmungshebender, a) je höher der nominale Geldwert war, der ihnen bei der Bewältigung leichter Denkaufgaben in Aussicht gestellt wurde, und b) je niedriger der Geldwert war, den Mitprobanden einstreichen sollten. Es kommt somit nicht auf die Summe per se an, sondern um den Vergleich, auf die Feststellung, mehr als andere zu verdienen.

Sekretärinnen dürfen sich also um Himmels willen nicht mit der Person vergleichen, die ihnen arbeitstechnisch am nächsten steht: dem Chef. Dann würden sie todunglücklich. Nicht viel glücklicher fühlen sie sich allerdings auch oft, wenn sie sich mit anderen Frauen ihrer Zunft vergleichen.

Vom Goldstaub-Faktor bis zum Fließband-Lohn

Nachdem ich meinen Job als Vorstandssekretärin an den Nagel gehängt hatte, um in kleineren Strukturen sachbezogener zu arbeiten, BWL in Abendkursen zu belegen, mehr Überstunden als früher zu machen, mehr auf dem Tisch liegen zu haben, stellte ich fest: Ja, ich verdiente weniger. Aber gleich so viel weniger ... Das Drollige daran: Ich hatte nicht den Beruf gewechselt, ich arbeitete immer noch als Sekretärin. Im Sekretariat ist die Höhe des Gehalts in den meisten Fällen nicht nur qualifikations-, sondern vor allem hierarchie- und personenorientiert. Sachbearbeiterinnen mögen aufgrund ihrer umfassenden, intensiven Ausbildung einen besser bezahlten Berufseinstieg haben als vergleichbare Berufsanfängerinnen bei den Sekretärinnen, aber später, als Geschäftsleitungs- und Vorstandssekretärinnen, können Letztere unter Umständen weit besser vergütet werden, ohne dass eine weitere Zusatzqualifikation nötig gewesen wäre. Eine befreundete Sekretärin sagt: »Ich kann mir keinen regulären Job vorstellen, in dem ich ohne Abitur und Studium auch nur annähernd so viel verdienen könnte.«

Wenn man also an der Spitze der Gehaltspyramide unseres Jobs anfängt, schlägt sich die Erkenntnis nieder, dass für viele Führungskräfte ab einem gewissen Status eine gute Sekretärin »Goldstaub« ist, ein schwer zu beziffernder Mehrwert, rund um die Uhr nervenstark und verschwiegen, dem sie letztendlich bereitwillig eine überdurchschnittliche Vergütung zugestehen. Diese wird am Ende des Monats wie ein großes Wundpflaster aufgelegt, für einen Betreuungsaufwand und eine nervliche Belastungsintensität, die wir sonst vielleicht nur noch mit Krankenschwestern und Kita-Erzieherinnen teilen. Nur dass wir im Schnitt besser verdienen.

Im Topmanagement kassieren Sekretärinnen oft mehr als 60.000 Euro im Jahr, auf den Vorstandsetagen der Dax-Unternehmen in Frankfurt und München gibt es in einigen Fällen Ausrutscher nach oben von bis zu 100.000 Euro, ohne dass man dafür russisch oder französisch sprechen oder eine PowerPoint-Präsentation, fundiert mit betriebswirtschaftlichem Know-how, machen müsste. Allerdings gilt grundsätzlich zu berücksichtigen, dass dieses Gehaltsniveau zusätzlich beeinflusst wird durch Alter, langjährige Berufserfahrung, hoch dotierte Einstiegspositionen und Unternehmenszugehörigkeit speziell bei Großunternehmen. Hier arbeiten keine Berufsanfängerinnen. Auch wenn man diese Vorzimmer-Frauen bundesweit vielleicht an wenigen Händen abzählen kann, so sind deren sechsstellige Gehälter doch ein Indiz dafür, dass Sekretärinnen heute durchaus in der Liga der großen Jungs mitspielen und zu vermitteln wissen, dass sie ihr Geld wert sind.

Da fragt sich so ein weiblicher Sparringspartner im Hintergrund vielleicht sogar manchmal, warum der Mann im Büro nebenan immer noch fünf bis zwanzig Mal so viel verdient, Spesen nicht eingerechnet. Das mag vermessen erscheinen, liegt aber oft nur daran, dass die Sekretärin eben in vielen Fällen sein Gehalt kennt und das, was er dafür tut – oder eben auch nicht. Es sind Marktpreise, keine Leistungspreise, von denen hier die Rede ist.

Diese Gehaltsklassen sind eine ganz gefährliche Messlatte. Denn meistens sieht es in unserem Job ganz anders aus: Ich bin verheiratet, habe Steuerklasse 5, arbeite als Sekretärin der Geschäftsführung und durfte meine Arbeitszeit auf 30 Wochenstunden reduzieren, nicht aber die zu bewältigende Arbeit. Ich arbeite jetzt eben einfach schneller. Dabei gehe ich mit 1.200 Euro netto nach Hause (basierend auf einem Monatsbruttogehalt von 3.000 Euro bei besagter Stundenzahl). Und damit liege ich bereits im alleroberersten Drittel der meisten Sekretärinnen mit ähnlichem Zeitmodell. Ich erwähne das immer wieder gerne meinem Chef gegenüber, da er zu vergessen scheint, wie viel beziehungsweise wie vergleichsweise wenig ich verdiene, wo ich doch Arbeitsrhythmus und -geschwindigkeit und mitunter sogar Arbeitsinhalte mit ihm teile. Wie viele Chefs kennen überhaupt das monatliche Nettogehalt ihrer Sekretärin?

Dabei ist die Wirtschaft noch gnädig und äußerst flexibel mit unseren Gehältern. Der öffentliche Dienst der Länder zahlt in der Tarifstufe 8 ganze 2.098 Euro brutto im Monat – unabhängig von Alter und Erfahrung, die man vorher extern gesammelt hat. Ein Beispiel aus dem prallen Leben:

Die heimische Universität, bei der ich mich um eine Halbtagsstelle als »Fremdsprachliche Angestellte« mit geforderten »zwei Fremdsprachen fließend, exzellenten EDV- und Organisationskenntnissen sowie Berufserfahrung, speziell auch im Rechnungswesen, zur Neuaufstellung und alleinigen Administration eines neu geschaffenen Lehrstuhls der Sozial- und Wirtschaftswissenschaften« bewarb, hätte mir für eine 50-Prozent-Stelle tarifgebunden gut 1.000 Euro brutto gezahlt – in meiner Steuerklasse wären das keine 500 Euro netto, sondern weniger gewesen. Das gibt mein Chef für ein Abendessen aus. Das Vorstellungsgespräch lief auf Englisch, mit anschließenden Tests in Korrespondenz, Termin- und Reisemanagement. An der Supermarktkasse hätte ich nicht weniger verdient. Die ebenfalls geforderte hohe Belastbarkeit bezog ich daher vor allem auf die Hinnahme der Entlohnung, beschloss, auch für 19,5 Wochenstunden nicht belastbar zu sein, und kehrte reumütig von der Wissenschaft in die Wirtschaft zurück.

Mehr Kompetenz – gleiches Gehalt

In den letzten Jahren hat sich das Anforderungsprofil einer Sekretärin sehr verändert: Wir arbeiten flexibler und selbständiger als früher. In unser Aufgabengebiet fließen immer mehr Verantwortungsbereiche ein: PR und Kommunikation, Veranstaltungsmanagement, IT, Intranet/Internet, Websitepflege, PR, Reporting/Controlling, Buchführung, mitunter sogar Personalarbeit. Die Zeiten der Ablageberge mit dem Gewicht eines jungen Nashorns sind definitiv vorbei. Zwei von zehn Sekretärinnen können heute noch Steno – auch das spricht für sich. Es werden dieselben Soft Skills verlangt, die mitunter auch für den Chef gelten. Kurzum: Die Sekretärin hat mehr Kompetenz als noch vor 20 Jahren, ist schneller, selbständiger und selbstsicherer geworden. Aber die Gehaltsentwicklung steht nicht in Relation dazu, spiegelt nicht die heutigen Qualifikationen und Erfordernisse in diesem Berufsfeld. Wie bezahlt ein Chef seine Sekretärin, wenn diese besser ist als die anderen Sekretärinnen auf demselben Flur, ohne sich unbeliebt zu machen? Laut Kienbaum-Studie zur Vergütung von Sekretärinnen und Bürokräften 2009 ist die erfolgs- und leistungsorientierte Vergütung in Form von Prämien, Boni und sonstigen Jahresabschlussvergütungen in durchschnittlich 31 Prozent der befragten Unternehmen fester Gehaltsbestandteil. Dieser Prozentwert ist aber immer noch deutlich niedriger als in anderen Berufsfeldern und Positionen.

Regionen, Branchen und Etagen

Ich habe mittlerweile aufgehört, meinen Freundinnen in unserem Job indiskrete Fragen nach ihrem Gehalt zu stellen, da ich in den meisten Fällen mit meinen Schätzungen völlig danebenlag – wir sind alle ungefähr gleich alt, haben denselben Abschluss, aber wir arbeiten in den unterschiedlichsten Ecken Deutschlands und in völlig unterschiedlichen Branchen. Wie machen das die Profis mit der Schätzung? Wenn man einen Überblick darüber gewinnen möchte, welche Faktoren und welche Zahlen der aktuellen Gehaltssituation bei Sekretärinnen zugrunde gelegt werden müssen, so stößt man schnell auf die Vergütungsstudie »Sekretariats- und Bürokräfte 2009« der Managementberatung Kienbaum. Sie basiert auf den Daten von 471 Unternehmen und mehr als

15.000 Einzelpositionen und wird jährlich aufgelegt. Die Eckdaten 2009 sind wie folgt:

Hierarchie (oder der so genannte »Etagenfaktor«)
- Folgende durchschnittliche Jahresbrutto-Gehälter wurden ermittelt:
- Schreibkraft: 32.400 Euro
- Telefonistin und Empfangsdame: 33.200 Euro
- Chefsekretärin: 51.500 Euro
- Vorstandssekretärin: 65.000 Euro.

Alter
Bis Mitte 30 sind die Gehaltszuwächse am stärksten, danach steigt die Vergütung langsamer.

Regionen
- Frankfurt am Main und Hamburg liegen mit Jahresbrutto-Gehältern von 60.000 beziehungsweise 56.300 Euro für Chefsekretärinnen um 11 Prozent über dem Bundesdurchschnitt.
- Stuttgart und Nürnberg liegen im Mittelfeld.
- In den neuen Bundesländern verdient eine Chefsekretärin 22 Prozent unter Bundesdurchschnitt (in Dresden 44.100, in den übrigen Regionen 39.100 Euro).

Branchen
- Banken und Versicherungen sowie Wirtschafts-, Rechts- und Steuerberatungen zahlen überdurchschnittlich (48.200 beziehungsweise 44.900 Euro), ebenso Pharma- und Chemieunternehmen.
- Unterdurchschnittlich zahlen Ver- und Entsorgungsunternehmen sowie die Bauwirtschaft (38.700 beziehungsweise 33.500 Euro).

Selbst Kienbaum mag sich nicht in allen Kategorien auf die Gehälter von Teamassistentinnen oder Sekretärinnen in den unteren Führungsebenen festlegen und konzentriert sich bei den in den Pressetexten veröffentlichten Werten lediglich auf die Gehälter von Vorstands- und Chefsekretärinnen. In der Kategorie »Hierarchie« tauchen sonst nur noch »Schreibkräfte«, »Telefonisten« und »Empfangsdamen« auf. Das ist schade, denn gerade das Mittelfeld macht den größten Anteil unserer Zunft aus – und eben hier kann das Gehaltsgefälle beträchtlich sein.

Realistischer erscheint dagegen eher der Gehaltsreport 2009 des Sekretärinnen-Handbuchs. Der Informationsdienst hatte bei seinen Leserinnen die Gehalts-, Arbeitszeit- und Altersentwicklung von neun Sekretärinnengruppen abgefragt und dabei auch festgestellt: In vier Tätigkeitsbereichen liegt das durchschnittliche Bruttogehalt mit 2.325 und 2.867 Euro bis zu mehr als 700 Euro unter dem statistischen Durchschnittsverdienst von Vollzeitbeschäftigten in Deutschland. Dafür sind die betroffenen Sekretärinnen und Assistentinnen einschließlich Überstunden bis zu 50 Stunden in der Woche parat. Betroffen sind Team- und Empfangssekretärinnen sowie Sachbearbeiterinnen.

Auch wenn 43 Prozent der Befragten nur gelegentlich oder wenige Überstunden leisten, so arbeitet die Mehrheit durchschnittlich bis zu einem Viertel länger als regulär verlangt – Assistentinnen der Geschäftsführung und des Vorstandes sogar um rund 40 Prozent. Einem knappen Fünftel aller Sekretärinnen und Assistentinnen wird ihr zusätzlicher Einsatz allerdings nicht gelohnt. Sie gehen leer aus, während 6 Prozent dafür Geld erhalten. Bei 78 Prozent werden die Überstunden mit Freizeit abgegolten.

Was soll man da den Chefs raten? Ganz einfach: Sie sollten sich die Frau in ihrem Sekretariat genau anschauen, sich mit ihr unterhalten, sie werten, und zwar ganz individuell – und ohne an Kienbaum zu denken. Wenn es dann irgendetwas an dieser Frau gibt, das im Job außerhalb genormter Kostbarkeiten liegt, dann sollten sie dafür zahlen – nach Leistung und nicht nach Schublade.

Die Zukunft – wer emanzipiert sich von wem?

Demografische Entwicklung bei unordentlichen Männern

Mal im Ernst: Können wir uns vorstellen, mit 65 Jahren noch zum Flughafen zu rasen, um das vor dem Terminal abgestellte Auto unseres unpünktlichen Chefs umzuparken? Nicht wirklich? Aber was sollen wir sonst tun, wenn wir nicht gerade als Walfangbeobachterin nach Neuseeland ausgewandert sind? In jedem Fall bleibt uns der Trost, dass die Chefs auch nicht jünger werden, die Bevölkerungspyramide für uns arbeitet und der Beruf Sekretärin nicht der Traumberuf aller auf den Arbeitsmarkt strömenden, qualifizierten Frauen sein wird. Sekretärinnen wird es geben müssen, solange es Unternehmen gibt – und solange Männer nicht alleine Ordnung in ihr Leben bringen können und jemanden brauchen, der sie auf ihren Höhenflügen lenkt. Selbst die NASA wäre ohne Bodenstation auch im übertragenen Sinne das reinste Himmelfahrtskommando. Es stimmt aber auch, dass die Technisierung und atemberaubende Schnelligkeit des Berufslebens uns Sekretärinnen von den Chefs entfernt haben – bei aller Autonomie, die dadurch für uns entstand. Letztere sind mit Smartphone und Notebook immer mehr sich selbst überlassen. Weil sie es wollen. Wir emanzipieren uns voneinander weg. In den Flughafenterminals dieser Welt entstehen ganze Berichte, Terminabsprachen und Raumbuchungen, die Chef kurzerhand selbst ins Leben tippt. Und wenn ein Knopfdruck reicht, um Lehman pleitegehen zu lassen, wer braucht da noch eine Sekretärin? Die Antwort ist einfach: fast jeder. Vielleicht hätte der Mensch am Knopf schon viel früher Dinge an seine Sekretärin delegieren sollen. Organisationsexperten sagen dazu: Eine Halbtagskraft braucht man schon, wenn fünf Mitarbeiter koordiniert arbeiten sollen. Die Gründe liegen auf der Hand:

Drei Gründe, warum wir unabkömmlich sind und bleiben
Peanuts werden zu Bergen, wenn immer alle nur produzieren und niemand aufräumt.

Heute will niemand mehr nur dienen und ausführen. Aber genau das könnte zum Nischenmarkt werden, denn Informationstechnologie hin oder her, die traditionellen Aufgaben, die in jedem Betrieb anfallen, sind natürlich nicht einfach verschwunden. Das Schreiben von Berichten und Korrespondenz, nach Diktat oder nicht, Ablage und Abrechnung machen auch in modernen Sekretariaten noch gut 40 Prozent der Arbeit aus, in klassischen vielleicht noch 60 Prozent. Die zehn Finger einer Sekretärin verbringen nach wie vor einen nicht unerheblichen Teil ihres Daseins auf der Tastatur, und wir könnten immer noch schneller Klavier spielen lernen als jede andere Frau. Frauen sind zudem aufgabenorientierter als Männer: Kein Chef möchte sich selbst um sein elektronisches Ablagesystem, um seine Weihnachtskarten und Reisekostenabrechnungen kümmern. Und wer meldet seinen Wagen zum Reifenwechsel an?

Wer überweist das Knöllchen? Und der Bericht, den er per Notebook auf seinen Oberschenkeln und mit krummem Rücken im Terminal verfasst hat, den kann man einfach nicht der Öffentlichkeit zumuten. Er strotzt vor Fehlern, kennt kein Komma und keine Groß-und Klein-schreibung, ist ohne große Überlegung mit zwei Fingern in die Tasten gedonnert worden. Denkprozesse verkürzen sich, Gedankenfetzen wer-den zu Satzfragmenten, und die Texte sind so verworren, so chaotisch wie der Tag, an denen sie entstanden.

Manch eine Sekretärin poliert nicht nur die Form, sondern gar den Inhalt solcher Texte auf, denn Chefs tun sich heute oft erstaunlich schwer mit der Verfassung von längeren Schriftstücken. Sie haben es schlicht verlernt, hangeln sich stattdessen von einer Mail zur nächsten, von einer singulären Problemlösung zur nächsten – See ye 9am, rgds XY. Irgendjemand muss das rote Wollknäuel in der Hand behalten und noch wissen, ob hinter »Mit freundlichen Grüßen« ein Komma kommt oder eben auch nicht.

Der menschliche Faktor kann die größte Schwäche und Chance zu-gleich sein. Das Gesicht hinterm Schreibtisch und die Stimme am Tele-fon tragen, wenn die Kommunikation in Bits und Bytes nicht mehr trägt. Jeder noch so dynamische Chef braucht eine Konstante, Solidität, Vertrauenswürdigkeit und Stabilität auf zwei Beinen, jemand, der ihn an den Füßen packt, wenn er abhebt, und ihn auf den Boden der Tatsachen zurückzieht. Er braucht jemanden, der nur ein Stichwort fallen lässt, wenn er wieder einmal die VIP-Karten vom Hauptlieferanten annimmt und meistbietend verkaufen will: »Ich sage nur eins: ›Compliance‹, Herr Dr. Listfeld.« Solche mahnenden Sätze kann höchstens die Sekretärin von sich geben, ohne bei der nächsten Gehaltsrunde Folgen spüren zu müs-sen. Seine Welt wäre noch mehr ein Tollhaus, als sie es sowieso schon ist – ohne ein »Sie müssen zum Flieger«, »Ich rufe an, dass Sie später kommen«, »Sie müssen noch X anrufen«, »Sie sollten mal mit Y spre-chen«, »Ich mache das schon«, »Bahncard nicht vergessen«, »Kragen run-terklappen«, »Ihr Reißverschluss ist offen«. Wir sind sein Gewissen und Gedächtnis, sein Kummerkasten und Kalender. Und außerdem: Bei der leider immer noch geringen Quote an Frauen in Führungspositionen sind es oft allein wir Sekretärinnen, die dafür sorgen können, dass Eigen-schaften wie Sensibilität und Pragmatismus in der Herrenwelt dort oben nicht völlig aussterben.

Welches Problem hat eine Sekretärin damit, Statussymbol zu sein? Ab einer gewissen Gehaltskategorie entwickeln vorwiegend Männer eine Schwäche für Autos, Markenuhren, Markenanzüge, Businessflüge Inland, Altbauvillen in der Stadt, Selected Hotels of the World, eigene Sekretärin – auch heute noch, hier kennt die Krise keinen grundsätzlichen Notstand. Das Streben nach Status scheint soziologisch, ja schon fast biologisch bedingt zu sein. Und es ist nichts weiter als ein Spiel. Wo liegt also das Problem? Man sollte als Sekretärin diese Wertschätzung für sich instrumentalisieren, aufgabenbezogen und finanziell, den Chef bei dieser Schwäche packen. Wie viel sind wir ihm wert? Im Zweifel sehr viel, denn wir sind, ob er will oder nicht, Teil seines Prestiges. Und wenn er damit glücklich ist, dann ist das nach dem Win-win-Prinzip auch für die Sekretärin okay. Wir müssen uns das nur bezahlen lassen. Status ist keine Krankheit, sondern das alte Jungenspiel – »Ich habe den größten Bagger, das schönste Förmchen und die klügste Babysitterin« – also an sich eine völlig harmlose Erscheinung, die man kurz belächeln darf – bevor man einfach mitspielt.

2. Tarzan – der da oben

Definitionen und Selbstbild der Chefs

Neulich, am Ende eines langen gemeinsamen Arbeitstages, kam mein Chef aufgewühlt und wütend aus seinem letzten Meeting und gab eine dieser spontanen, ungefilterten verbalen Gefühlsäußerungen von sich, die ja oft nur ich mitkriege. Die Tirade auf eine unfähige, völlig verständnislose, ja gar feindliche Umwelt endete mit »Herrje, wer bin ich hier eigentlich?« Diese Frage stellt er mir ungefähr ein Mal in der Woche. Und irgendwann würde ich ihm gern tief in die Augen blicken, ihn auf dem Stuhl vor meinem Schreibtisch festbinden und einfach erwidern: »Wollen sie's wirklich wissen? Ich sag's Ihnen.«

Ist »Chef« eine Berufsbezeichnung?

Gegebenenfalls ist das Unterfangen, einem Chef sich selbst zu erklären, anmaßend. Schließlich bin ich nur Sekretärin und bekomme einen Bruchteil des Stundensatzes, den ein Coach mit ungeschützter Berufsbezeichnung in Rechnung stellt. Aber ich habe etwas zu bieten, was sein Coach nicht hat: Ich konstruiere das Setting für seinen Tag, weiß, wann er unterbrochen werden muss, und wann, verdammt noch mal, auch nicht. Ich könnte im Voraus sagen, wie die Ergebnisse einer 360-Grad-Befragung zu seiner Person ausfallen würden. Ich kenne seine Ehefrau und seine Kinder, seinen Bekanntenkreis, seine letzten Blutwerte, und seinen Kontokorrentstand lächle ich weg. Ich duze mich mit der Sekretärin seines schärfsten Kritikers auf der Etage und weiß ganz genau, was er gerne tut und was er an die äußerste Kante seines Schreibtisches schiebt. Die ersten Anzeichen wie die Höhepunkte seiner Jubelanfälle und Schreiattacken sind mir vertraut und auch die Gründe dafür. Sein

Coach hat sich noch nie mit mir darüber unterhalten. Er selbst im Übrigen auch nicht. Wenn so ein Coach meinem Chef dann aufmunternd auf die Schulter klopft und sagt »Seien Sie einfach Sie selbst«, dann ist das einer der schwierigsten Ratschläge überhaupt, weil das ist ja genau die Frage: Wer ist er eigentlich?

Diese Standortbestimmung ist zugegebenermaßen nicht ganz einfach, da ein Chef eigentlich drei Charaktere hat: einen, den er hat, einen, den er zeigt, und einen, den er zu haben glaubt. Schon die begriffliche Klärung erweist sich als erstaunlich schwierig. Denn natürlich gibt es nicht DEN Chef, genauso wenig wie es DIE Sekretärin gibt, aber fällt damit gleich jedwede allgemeingültige Definition dieses Berufsstands hintenüber? Was sagt das Lexikon? Es ist so unverfänglich wie die Realität auch: Das Wort »Chef« ist dem Französischen entlehnt und leitet sich von dem lateinischen caput = Kopf ab. Lässt man einmal den gastronomischen und militärischen Bereich außen vor, wird unter »Chef« ganz allgemein »Vorgesetzter« verstanden. Jemand, der einem vorgesetzt wurde. Beim Wort »Manager« geht man davon aus, dass es vom lateinischen »mansionem agere« = »das Haus bestellen« stammt. Das alles zeugt von einer erstaunlichen Relativität, ja gar Beliebigkeit dieser Berufsbezeichnung, und man befürchtet, dass die Differenzierung so ist, wie die Betroffenen vermuten, dass sie ist. Es gibt bundesweit rund 490.000 Sekretärinnen – Frauen, die zunehmend als Teamassistentinnen für mehrere Chefs arbeiten. Weiß man, wie viele Chefs es gibt? Da könnte es sich um ein Vielfaches handeln. Wir hätten somit mehr Häuptlinge als Indianerinnen, was ich sehr interessant finde.

Wie werden Chefs gemacht? Woher kommen die, gibt es irgendwo ein Nest? Im Gegensatz zu früher sind die meisten von ihnen heute doch auch nur Angestellte, Gutsverwalter, keine Gutsherren. Verdienen sie diesen Titel aufgrund von formellen, fachlichen oder gar menschlichen Attributen? Ich bin verwundert, dass nicht mehr Chefs schon rein begrifflich unter einer Identitätskrise leiden. Und jedes Mal, wenn ich als Sekretärin auf dem Visa-Formular für die Ukraine als Berufsbezeichnung »General Manager« für meinen Chef eintrage, habe ich ein schlechtes Gefühl und befürchte, dass er damit vor Ort vielleicht Rückfragen provoziert. »Manager« – wann hat dieses blutleere Wort eigentlich Einzug in unseren Sprachgebrauch gehalten? Der Begriff mag so gern und häufig benutzt werden für das, was »Chef« tut, ganz einfach weil es einen Deckmantel darstellt, der ziemlich grob gestrickt ist und die unterschiedlichsten Werdegänge und Qualifikationen großzügig und griffig abdeckt. Davon wiederum mögen manche profitieren, andere würden sagen, dass sie bei diesem Begriff rein menschlich ziemlich leer ausgehen. Und das kann eine Frau, die im Übrigen genauso pauschal »Sekretärin« heißt, gut nachvollziehen.

Wir alle müssen unseren Alltag irgendwie »managen«. Warum stempelt sich eine bestimmte Gruppe von Berufstätigen mit diesem Begriff und erwirbt damit geradezu automatisch Status, höhere Gehaltsklasse, Sekretärin oder zumindest die Aussicht darauf? Wo doch die Worte »Manager« oder »Chef« keine sachdienlichen Hinweise auf die fach-lichen Attribute geben, auf den eigentlichen Beruf qua Ausbildung oder Tätigkeit. Was haben ein Geschäftsführer, ein Vorstand, ein Prokurist oder ein Abteilungsleiter denn studiert? Was können sie besonders gut, und zwar hier und jetzt im Job? Ich hatte bisher neun Chefs, aber was dieses Thema angeht, bin ich nicht wirklich schlauer geworden. Doch eines konnte ich beobachten:

Viel zu selten verstecken sich Quereinsteiger, gar Natur-, Kultur- und Geisteswissenschaftler, Philosophen, Soziologen oder Psychologen unter dem Deckmantel »Manager«. Sicher, in den Unternehmen ist das Geld knapp, und da kann man sich keine Exoten leisten, vertraut bei der Einstellung lieber auf formale Kriterien. Aber gerade in den obersten Positionen mit nicht-operativen Schwerpunkten könnte man sich solche Profile durchaus vorstellen. Personalberater für das so genannte Topmanagement bemängeln heute bereits diesen Mangel an Ausbildungsvielfalt auf Managerebene. Häufig trifft man auf dieselben Stationen in den Lebensläufen heutiger Unternehmenslenker: Studium der Wirtschafts- oder Rechtswissenschaften, MBA, Ausland, Unternehmensberatung, ein bis zwei Wechsel, dann interne Karriereleiter – Ende 30, Anfang 40, international, prozessorientiert, schnell, schlau, smart, perfekt, alle gleich toll. Nur das Sozialverhalten ist irgendwie hintendran geblieben – tolles Selbstbild, aber wenig Erfahrung mit Menschen. Chefs wie Frank Appel, Vorstandsvorsitzender der Deutschen Post und promovierter Neurobiologe, bleiben da vom Werdegang her die Ausnahme. Wie schade, auch für uns Sekretärinnen. Viele unserer Chefs stehen da wie die Zinnsoldaten aus der Hochschulschmiede, aus einem Guss, gerade die Jüngeren, auch wenn die Qualifikationen der »Master of Business Administration«

in Sachen Erfahrung, Strategie und Führung dabei sehr schwanken und dem Selbstbild nicht ganz entsprechen. Und dann gibt es da natürlich noch die »alten Hasen«, gerade in mittelständischen Unternehmen, die seit ihrer kaufmännischen Ausbildung nichts anderes als die eigene Firma gesehen haben. Nein, der »Chef-Job« scheint im Allgemeinen nicht bunt und kreativ oder gar provokativ zu sein, sondern nach starren Regeln zu funktionieren, heute mehr denn je – trotz aller Diversity-Bemühungen, die sich doch eher auf Frauen und Ausländerinnen beziehen. Nein, es gibt nicht mehr viele Querdenker, aber mehr schnelle Mitdenker, nicht nur im Sekretariat. Arme Chefs.

Was sagt ein Chef über sich selbst?

Zeit also, den Begriff »Chef« mit Leben zu füllen: Inwieweit äußern sich die Führungskräfte selbst zu ihrem Selbstbild? Im Sekretariat tun sie es jedenfalls nicht, sie leben lediglich das vor, was sie sind oder was sie glauben zu sein. Geht man das Ganze zunächst empirisch an, so landet man sehr schnell bei 300 Konzernmanagern, die 2008 von der Unternehmensberatung Roland Berger für die Studie »The European Management Approach« weltweit befragt worden sind. Auf einer Skala von eins bis sechs sollten die Führungskräfte zunächst die wichtigsten Eigenschaften eines Managers nennen und anschließend einschätzen, wie nah sie selbst diesem Idealbild kommen. Am wichtigsten bewerteten alle die Befähigung, Stratege und Motivator zu sein. Die Mehrheit von ihnen behauptete das auch von sich selbst. Mit dieser Einschätzung war man sich weitestgehend untereinander einig. Ein klares Votum – auf dem Papier. Man hätte zusätzlich die jeweiligen Sekretärinnen dazu befragen sollen.

Ein weiterer Anhaltspunkt auf der Suche nach dem Selbstbild der Chefs wäre das, was man unter der Rubrik Karriere regelmäßig in vielen Tageszeitungen lesen kann. Es werden oft ganze Seiten mit einem einzigen Unternehmerporträt bedruckt, über dem dann steht »Ich über mich« oder »Auf ein Wort« – eine gigantische Anzeigenkampagne in eigener Sache. Hier wird gefragt, womit ein guter Arbeitstag beginne, und man liest Dinge wie »Mozart« oder »Kaffee um 4.30 Uhr«. Und dann weiter: »Wie motivieren Sie Ihre Mitarbeiter?« Wir meinen die Antwort zu erahnen, und die kommt dann auch: »Mit Dankbarkeit, Vertrauen und Lob.« »Wie sieht Ihr typischer Arbeitstag aus?«: »Ideen machen, denken, motivieren.« Ja, motivieren – der Kreis schließt sich. So steht es tatsächlich in den Zeitungen. Nachfragen: keine. Es sind ja schließlich keine Worthülsen, sondern Bekenntnisse, die da kommen, Versprechen, die die Messlatte an sich selbst bewundernswert hoch legen – und letztendlich eine Wertewelt verkörpern, die dem Fragesteller vielleicht erst einmal tatsächlich die Sprache verschlägt, während sein eigenes schlechtes Gewissen gegen die Schläfen pocht.

Dass Manager in der beruflichen als auch privaten Planung tatsächlich mutiger, dynamischer, leistungsorientierter und weit weniger freizeitorientiert ticken als der Bevölkerungsdurchschnitt, ist belegt, und auch deren Sekretärinnen würden das bejahen. Aber wie unternehmensorientiert ist dann wirklich dieses Verhalten, und stehen die Chefs tatsächlich um 4.30 Uhr auf und schieben Mozart ein? Die Selbstlüge ist immerhin die häufigste Lüge von allen. Ist das also ihr Ernst? Antwort (aus Sekretärinnensicht): Ja. Es ist nicht immer nur harmloses, pures Selbstmarketing, sie glauben es wirklich – zumindest solange sie vor 7.00 Uhr aufstehen und zufällig klassische Musik aus dem Badezimmerradio hören. Und sie glauben in beseelter Überzeugung oft noch ganz andere Dinge von sich, sind die reinsten Realitätsdesigner. Berufe verändern Menschen am augenfälligsten: Wer 12 bis 14 Stunden am Tag Selbstbestätigung statt Kritik erfährt, verändert sich. Druck und Stress lassen keine Denkschleifen, keine Zweifel mehr zu, das Hirn scannt nur noch, und dummerweise geht man mit diesem Hirn auch nach Hause.

So mancher Manager wird denken, dass er selbst ganz anders ist. Kann er da sicher sein? Es wäre immerhin möglich, dass er einfach nicht bemerkt, so zu sein. Und es würde ihm ja auch niemand sagen.

»Es ist Krieg da draußen« – das Umfeld

»Wer bin ich hier eigentlich?« Wenn ich das meinem Chef beantworten sollte, so dürfte ich ihm nicht mit Studien und Presseartikeln kommen, obwohl auch die wehtun können. Er würde wollen, dass ich auch sein Umfeld beleuchte. Denn es ist wie in der Chemie: Erst wenn zwei Elemente aufeinandertreffen, kommt es zu einer Reaktion. Mit den Reaktionen ist das vielerorts aber gar nicht so einfach, und das weiß auch mein Chef. Je höher er in der Hierarchie kommt, desto geschlossener werden die Systeme, desto berechenbarer die Reaktionen. Menschen haben plötzlich keine eigene Meinung mehr, sondern eine »Agenda«, eine persönliche Überlebensstrategie. Beziehungen, sofern es denn welche gibt, können sich von heute auf morgen ändern. Denn die Macht ist meistens nur geliehen, und die Versuchung, das zu vergessen, ist manchmal groß. Freie Arbeitszeitverfügung, Entscheidungsbefugnis und geringe soziale Kontrolle sind ja fast schon biblische Verlockungen. Erfolg entlarvt den Menschen. Auf der anderen Seite gibt es, zumindest ganz oben in exponierter Lage, permanente Beobachtung. Dem Chef im mittleren Management mag es sogar noch schlechter ergehen, wenn er über sich drei bis vier interne Chefs hat und unter sich trotzdem noch 500 Leute. Das alles verursacht Stress, macht einsam. Wenn er dann nachts wach wird, geht sofort der Film los. Und wenn es ganz schlimm kommt, sagt von irgendwoher irgendein Groupier, den niemand kennt: »Rien ne va plus«.

So schildern es die Chefs. Ja, die Angst muss groß sein, und dafür, dass man sie nicht zeigt, wird man schließlich bezahlt. Und wir Sekretärinnen gehören mit zum Hofstaat. Wir stellen unseren Chef stets in den Mittelpunkt, bauen ihm eine Bühne mit Samtvorhang, ummanteln ihn trilingual mit Service, Höflichkeit, Schnelligkeit, Nettigkeit. Und danach reichen wir die Staffel weiter zum Chauffeur, zum netten Menschen am Mietwagenschalter, zur Stewardess in der Business Class samt Security Fast Lane, Priority Boarding und lonely XL-Seat, zum Sous-Chef im Sterne-Restaurant. Watte, eine Riesenportion, überall, bis seine Welt vollends wirklichkeitsleer ist, voller Termine, aber ohne Leben, eine einzige Riesen-Senator-Lounge.

Ja, spürt unser Chef denn seine Person da noch? Ist er nicht viel zu sehr von sich selbst abgelenkt, weil er überall ist, nur nicht bei sich selbst? Man lässt ihn glauben, was er glauben soll, gibt ihm ein Blackberry, ein paar Coaching-Termine für den Notfall und verdonnert ihn dazu, immer erreichbar zu sein. Und es gibt noch ein paar Extremsportarten nebenher: globale Krisen, schäumende Chef-Chefs oder gar ganze Aufsichtsräte, kämpferische Betriebsräte, heulende Wölfe im Kollegenkreis auf dem eigenen Flur und pauschal fordernde Angestellte, in deren Gesichtern all die schrecklichen Dinge stehen, die er sowieso heutzutage täglich über seine Zunft in der Zeitung liest. Dabei möchte er eigentlich nur geliebt werden, ein guter Mensch sein und das alles irgendwie auch gar nicht tun. Die Haut wird extern dicker und intern dünner, aber kein einziges Augenzwinkern verrät, wie er sich gerade fühlt. Und wie soll er das alles schaffen, wenn er noch nicht einmal mit einem 80-x-80-Kopfkissen im Hotel klarkommt?

3. Wir Team – Kernschmelzversuch

Die Suche und das erste Date

Seien wir doch ehrlich: Einige Chefs zeigen mehr Elan bei der Suche nach verschossenen Golfbällen oder Lufthansa-Senator-Karten als bei der Auswahl der eigenen Sekretärin. Viele lassen suchen und entscheiden sich dann nur innerhalb eines Destillats von zwei bis drei Bewerberinnen. Zugegeben, einigen von ihnen mag das unrecht tun, vor allem denen, die nicht suchen, sondern finden, vor allem vorfinden: Denn manchmal sitzt da schon jemand im Vorzimmer, bereits fertig und mit unbefristetem Vertrag, ausgesucht vom Vorgänger. Sie kennt jeden, nur ihn eben nicht. Er kennt noch niemanden und sie erst recht nicht. Das kann gut gehen. Und selbst wenn eine solche Paarung in der sich anschließenden Zusammenarbeit gehörigen Punkteabzug in Pflicht und Kür bringen sollte, so richtet man sich doch in der Regel in dieser arrangierten Ehe ein, um nicht die Komfortzone verlassen zu müssen. Und es kommt zu Haltungen, die alles andere als ehrlich und konsequent sind: »Ich hätte sie nicht ausgesucht, aber herrje, was soll man da jetzt noch tun. Die ist schon so lange da. Eine Interne ist ja auch besser als eine ganz Neue.« Und sie: »Nun bin ich schon so lange da. Wegen dem verlasse ich doch meinen Job nicht, den werde ich auch noch überleben.«

Vom Suchen-Lassen und anderen Unsicherheiten

Für alle anderen Chefs steht der große Sekretärinnen-Markt offen. Sie können nach dem maßgeschneiderten Counterpart suchen. Bingo. Und dennoch kann man, wie eingangs erwähnt, beobachten, dass sie sich mitunter nicht gerade überschwänglich begeistert auf die Suche begeben, so als ginge es hier eben nur um ein notwendiges Modul, eine Stellschraube zur Erleichterung des Arbeitsalltags, muss man ja haben, um selbst funktionstüchtig zu bleiben. Andere Chefs überkommt gerade bei dieser Personalentscheidung eine leichte Unsicherheit, eine eigenartige Zögerlichkeit. Es könnte daran liegen, dass sie in diesem Fall das sichere Terrain der hieb- und stichfesten Jobprofile des zu rekrutierenden, zumeist männlichen Führungspersonals verlassen und sich stattdessen ins unbestimmte Reich der Orthografie und Formatierung, der Telefonlisten, Reisepläne und Ablagesysteme begeben. Statt vielversprechende Inputgeber mit hoher Technologie-Affinität und analytisch konzeptioneller Brillanz müssen Wesen begutachtet werden, die »mitdenken und selbständig oder nach Vorgabe schreiben« sollen. Es könnte einige Chefs gar der Verdacht beschleichen, dass sie sich auch noch zu allererst mit sich selbst und ihrer Arbeitsweise beschäftigen müssen, um überhaupt zu wissen, was sie von dieser Frau wollen sollen. Unschön. Dann lieber eine Interne, die den Laden kennt. Das ist oft die bequemste Lösung, aber nicht immer die beste. Für fast jeden Job ist Erfahrung wichtig, aber nicht unweigerlich die aus dem eigenen Unternehmen.

Und dann ist es mit uns Sekretärinnen ja noch nicht einmal so wie mit allen anderen Mitarbeitern, die entweder Gold wert sein oder eine Menge Ärger bedeuten können. Es ist noch schlimmer: Wir sind entschieden näher dran an den Chefs, und die Folgen einer guten oder schlechten Zusammenarbeit sind somit noch viel unmittelbarer. Diese wechselseitige Abhängigkeit kann ganz unmittelbar wunderbar oder ganz unmittelbar höchst unkomfortabel werden.

Warum geht eine Führungskraft, mit den selbst ernannten Kernkompetenzen Strategie und Motivation, die Suche nach seiner Sekretärin nicht offensiver an? Denn da ist etwas, was die Sache dann doch spannend und einzigartig macht: Er wird nach der Kraft Ausschau halten, die seine eigenen Fähigkeiten durch ihre Arbeit am besten zur Geltung bringt, im Idealfall sogar ergänzt und seine Schwächen weglächelt. Die Frau zu finden, die weiß, wie sie ihn, den Chef, wirksam macht, kann eine echte Herausforderung sein. Es geht um eine Symbiose wie im Tierreich, um eine perfekte Wechselbeziehung zwischen artverschiedenen Organismen mit gegenseitiger Abhängigkeit – da ist man wieder beim Putzerlippfisch, der ihn, den Schärpen-Scheinschnapper zu umsorgen hat. Die Suche nach einem solchen Wesen ist eine nicht zu unterschätzende Aufgabe.

Die Personalverantwortung ist und bleibt gerade für männliche Führungskräfte wichtigster Gradmesser für die Bedeutung ihrer Position – und zugleich das Feld, in dem immer noch die meisten Fehler gemacht werden, von der Auswahl über die Förderung bis hin zur Art und Weise der Kündigung. Dabei ist eines ganz wichtig: Wenn er will, dass ihm der Fisch, der zu ihm passt, auch ins Netz geht, so gibt es unter anderem eine bewährte Methode, die er sich hoffentlich leisten kann: die Anwendung von Ehrlichkeit. Kosten: keine, Aufwand: individuell unterschiedlich.

Ab sofort, flexibel und belastbar – die Stellenanzeige

Das mit der Ehrlichkeit fängt bereits beim Formulieren der Jobprofile an. Was will der Chef und was gibt er dafür? Antwort (im schlimmsten Falle und erst kürzlich im Stellenmarkt entdeckt):

»Assistent/in der Geschäftsführung gesucht! Sie: pfiffig, flexibel, belastbar, loyal, intelligent und schnell schreibend. Immer gut drauf. Fix in MS-Office. Fit in Englisch. Gerne aus Sternehotellerie. Berufserfahrung. Vollzeit. Sofort. Wir: Marktführer. Schriftliche Bewerbung mit Gehaltswunsch und Foto bitte an:...«

Selbst wenn ein Arbeitgeber etwas mehr Mühe – und Information – in die Personalsuche steckt, so ist das Resultat immer noch oft ein lieblos abgefasstes Stellenangebot, das ein Personaler mit der Aufforderung »Machen Sie mal« aus dem seit Jahren bewährten Ordner »Anzeigentext Sekretariat« geholt hat. Ein auf diesem Wege in die Welt gesetztes Profil bietet mitunter eine seltsame, fast schon naive Mischung aus Maximalforderung bei den Qualifikationen und Charaktermerkmalen einerseits und Minimalangebot beim Stellenprofil andererseits. Wollt ihr wirklich Frauen, die darauf ansprechen? Es gibt ein paar ungeschriebene Regeln, wie man halbwegs ungeschoren davonkommt:

- **Jung oder erfahren oder beides?** Bei einer Sekretärin Anfang zwanzig mit langjähriger Erfahrung kann man nicht sicher sein, dass sich Letztere auf das Sekretariat bezieht. Viele Unternehmen wollen eine Kandidatin unter dreißig, da der Gehaltssprung nach oben sich in der Regel mit Anfang/Mitte dreißig einstellt. Warum eigentlich? Auch mit zweiunddreißig sind wir immer noch nicht unbezahlbar oder von heute auf morgen kurz vor Toresschluss unbedingt schwanger, noch wollen wir einen etwaigen Gehaltssprung beliebig weiter nach oben fortführen, wie das bei den Chefs der Fall ist. Ein Personaler hat mir einmal gesagt, eine Berufserfahrung von fünf Jahren sei »die optimale Zeitsequenz zwischen Flexibilität und Professionalität«. Im Klartext: »Dann ist sie noch formbar, und man muss ihr trotzdem nicht mehr alles erklären.« Mich persönlich erinnert das eher an eine Dr.-Oetker-Backmischung.

- **Die Grenzen der Flexibilität:** Die Frage sei erlaubt, ob jemand mit »im Ausland erworbenen Fremdsprachenkenntnissen«, »kreativ« und mit »entsprechender Allgemeinbildung« und der Fähigkeit, »alle Unterlagen entscheidungsreif aufzubereiten«, gleichzeitig in Mutterschaftsvertretung Bänder schreiben, 2.500 Weihnachtskarten oder 380 Serienbriefe mit der Einladung zum Grillfest des Rotary Clubs verschicken möchte oder bei Bedarf Empfang und Telefonzentrale übernimmt. Sicher, es gibt diese Frauen. Aber ich denke, es werden weniger.

- **Die gern heraufbeschworene Projektarbeit** ohne weitere Erklärung mag vielversprechend locken, aber nicht wirklich aufklären: »Des Weiteren sind Sie für die selbständige Erledigung diverser Aufgaben zuständig.« Sollte die Projektarbeit tatsächlich über die Neuorganisation der Ablage, die Auswahl der neuen Papierqualität für das Kopiergerät oder die Optimierung der Reisekostenrichtlinie hinausgehen, was ja durchaus vorkommt, sollte sie klar benannt werden. Ansonsten dürfte es ratsamer sein, den Begriff »Projektarbeit« oder gar »Mitarbeit an Teilprojekten« einfach wegzulassen, weil er zu Unrecht Hoffnung auf kreative Erfüllung jenseits der Chefbetreuung erweckt. Immer noch genug Bewerberinnen werden die Anzeige deswegen nicht schlechter finden. Sie werden ahnen: In den meisten Fällen trägt das »Projekt« eben doch Anzug und Krawatte und sitzt im Büro nebenan.

- **Die Richterskala nicht zu verwendender Sätze:** Ganz oben steht für mich nach wie vor folgende Aufgabenbeschreibung, die ich im Stellenangebot für eine »Sekretärin der Geschäftsleitung« fand: »Entgegennahme interner und externer Telefonate und ggf. selbständige Beantwortung von Fragen« und »Erfahrung gerne aus der Sterne-Hotellerie«. Nach solchen Worten liest man nicht mehr weiter. Und entmündigende Phrasen wie »die Fähigkeit zur selbständigen Erledigung von Aufgaben« oder das gern zitierte »Mitdenken« treffen auch auf die Putzhilfe zu, die dem Manager abends ab 20.00 Uhr den Papierkorb an den Knöchel donnert und sagt »Mister, denken Sie an Familie und machen Schluss heute.« Und auch sie würde nicht wollen, dass man ihren Job so beschreibt.

- **»Belastbarkeit« und »Nervenstärke«** bezieht man als Sekretärin nicht immer nur auf Arbeitsmenge und Zeitknappheit, sondern auch auf die Person des Chefs, je nachdem was für Erfahrungen man bereits gemacht hat. Zunächst liest man über diese Begriffe hinweg, denn sie werden viel zu oft verwendet. Auf den zweiten Blick kommt man ins Grübeln, und dann blättert man lieber erst mal weiter. Anforderungen zur nervlichen Inanspruchnahme sollten also besser im Gespräch mit der Kandidatin geklärt werden, statt sie schon vorher damit zu verschrecken.

- **Die Beschreibung der Sekretariatsstelle mit attraktiven Worthülsen** wie »Entscheidungskompetenz«, »Eigenverantwortung«, »Kreativität« und »Prozessoptimierung« ist mutig – und oft nicht ehrlich. Sicher, niemand tippt gerne Berichte oder legt Hunderte von Mails, die man nicht geschrieben hat und die nicht für einen bestimmt sind, in elektronische Ordner ab. Aber die traditionellen Aufgaben, die es immer noch in jedem Unternehmen zu erledigen gilt, können nicht weggeschönt werden. Da nutzen auch so fantasievolle Ausdrücke wie »Dienstreisenmanagement« oder »Dokumentenfiling« nichts, wenn man dabei eigentlich nichts anderes meint als Flüge buchen, ein Häufchen bunter Belege in eine Reisekostenabrechnung verwandeln und ablegen. Keine Sorge, wir Sekretärinnen wissen das. Also sollte man uns auch nichts vormachen und uns für dumm verkaufen.

Vom Unterschied zwischen Wollen und Brauchen

Ein Chef kann sich mit dieser Thematik durchaus realistisch und konstruktiv auseinandersetzen, ohne allzu große Selbstzweifel aufkommen zu lassen. Er muss sich dafür lediglich ein paar Fragen zur eigenen Arbeitsweise stellen und idealerweise auch beantworten, und zwar ehrlich. Wie will er theoretisch gerne arbeiten, und wie arbeitet er wirklich? Da gibt es oft einen Unterschied, und im Zweifel hat das nur etwas mit ihm selbst zu tun. Er sollte sich über seine eigentlichen Ansprüche an das Sekretariat klar werden, sich ernsthaft fragen, ob er statt einer starken rechten vielleicht nicht doch eher eine linke Hand braucht – eine für die eher rein logistischen Unterstützungsleistungen, eine, die nicht voll eingebunden sein muss und das auch nicht schlimm findet. Entscheidet er sich dagegen für die Full-Power-Unterstützung, für eine persönliche Managementzentrale mit Verantwortung und Spielraum, so erfordert dies eine engere Zusammenarbeit, Leistung und die Einforderung derselben, eine gehörige Portion Delegationsvermögen und einen souveränen Vertrauensvorschuss.

So einfach ist die Personalauswahl eben auch bei uns Sekretärinnen nicht: Das mit den Ansprüchen im Kopf und deren Umsetzung im Leben ist nun einmal so eine Sache, und ein unverbindliches Upgrade mag bei Flügen und Autos funktionieren, nicht aber bei Frauen mit Pulsschlag. Oft bringt schon das schriftliche Stellenprofil, das die frühere oder Noch-Sekretärin aufgesetzt haben sollte, die nötige Realitätsnähe.

Außerdem ist durchaus damit zu rechnen, dass sich eine Sekretärin vor oder nach dem Gespräch ebenso schlau macht, bevor sie eine Entscheidung trifft. Die wenigsten Männer kommen auf den Gedanken, dass eine Frau, die man will, allen Ernstes ablehnen könnte. Diese Möglichkeit scheint in ihrem Hirn nicht verankert zu sein – das ist im Sekretariatsbereich wie im Rest des Lebens so. Eine Bewerberin sollte beispielsweise genau hinterfragen, wie viele Vorgängerinnen sie hatte und warum diese die Stelle verließen. Warum nicht einmal den Namen des Chefs googeln oder irgendwie versuchen, Kontakt zu Mitarbeitern zu bekommen, bevor man zusagt – oder eben absagt?

Dem Mann seine Checkliste:

Zurück zum Chef. Der würde an dieser Stelle sagen: »Frau Münk, machen Sie mir doch mal eben schnell eine Liste, auf was ich da so bei der Auswahl achten muss.« Hier ist sie:

1. Welche Fachkenntnisse werden erwartet?
- ❒ Fremdsprachenkenntnisse (täglich mündlich und schriftlich oder nur »nice to have«?)
- ❒ Stenografie/Schreiben nach Band
- ❒ Protokollführung
- ❒ EDV
  - ❒ Textverarbeitung
  - ❒ Kalkulation
  - ❒ Präsentation
  - ❒ Datenbank
  - ❒ Website/Internet
- ❒ Betriebswirtschaftliche Kenntnisse
- ❒ Buchführung/Kostenrechnung
- ❒ Kommunikation/PR-Affinität
- ❒ Projektmanagement (Benennung des Projeks)
- ❒ Veranstaltungsmanagement
- ❒ Vertragswesen
- ❒ Personal (Arbeitsrecht/Abrechnung)
- ❒ Reisemanagement

2. Wie betreuungsbedürftig ist der Chef?
- ❒ Wie viele Tage kommt er ohne Sekretärin aus? (Zur Not auch als Stunden- oder Minutenangabe denkbar ...)
- ❒ Teilt er sich seine Sekretärin mit jemandem oder würde er es wollen?
- ❒ Wie viele Kontakte und Termine sind im System? Werden die selbst eingetragen?
- ❒ Hat das Mail-Postfach mehr als 500 ungelöschte Eingänge?
- ❒ Sind alle Telefonleitungen ins Sekretariat gestellt?
- ❒ Fühlt er sich besser, wenn jemand rund um die Uhr da ist?

- Kann er diesen Jemand auch rund um die Uhr beschäftigen?
- Was liegt momentan alles auf seinem Schreibtisch herum?
- Wie oft pro Woche (pro Tag, pro Stunde) wird die Sekretärin mit privaten Dingen beschäftigt (Korrespondenz, Urlaub, Familie, Immobilie, Bank, Versicherungen, Vereine, Clubs, Sport, Ärzte und Friseure etc.)?

3. Delegiert er gern?

- Diktiert er oder lässt er formulieren?
  (was und wie viel prozentualer Anteil)
- Macht er selbst Termine oder lässt er machen
  (prozentualer Anteil)
- Möchte er die als vertraulich gekennzeichneten Vorgänge selbst öffnen?
- Kümmert er sich selbst um sein Mail Account?
- Darf seine Sekretärin seine Mails öffnen? Gibt es da Bedingungen?
- Darf seine Sekretärin auch schon einmal die Post ohne seine, aber mit ihrer Unterschrift herausschicken?

4. Wo liegen die Arbeitsschwerpunkte im Sekretariat?

- Klassische Aufgaben
  (Korrespondenz, Mail, Telefon, Reiseplanung,
  Protokoll, Ablage) _____ %
- Organisation und Koordination _____ %
- Projektmanagement
  (Aufgaben mit betriebswirtschaftlichem Hintergrund,
  Data Sheets, PR/Kommunikation/Website, Human
  Ressources, Facility Management, Marketing/Kunden-
  ansprache, repräsentative Pflichten/Reisetätigkeit, IT) _____ %
- Privates _____ %

5. Wie wichtig ist Kommunikation?

- Wie viele Minuten des Tages kommuniziert er mit seiner Sekretärin? _____ Min.
- Nimmt er seine Sekretärin mit in Meetings? _____
- Arbeitet er hinter verschlossener Tür? _____

☐ Wann hat er zuletzt gefragt »Wie geht es Ihnen?«_____

☐ Weiß seine Sekretärin, wie es ihm geht?   _____

6. **Gibt es Qualifizierungsmöglichkeiten oder Karriereschritte im Sekretariat und bietet er die an?**

7. **Will oder kann er das Gehalt variabel gestalten? Gibt es leistungsbezogene Bestandteile?**

»Ach, Frau Münk, so ausführlich? Sie nehmen das immer gleich alles so ernst. Ich wollte mir Arbeit ersparen, nicht mir welche machen. Muss ich das jetzt alles beachten?« Ja, er muss.

Das Soft-(S)kill-Spiel – die inoffizielle Checkliste für den Chef

Ja, die guten alten Soft Skills … Ich bin nach wie vor der Meinung, dass wir Sekretärinnen es in Sachen Nervenstärke, Geduld, Flexibilität, Sensibilität, Diplomatie und Standvermögen mit manchem so genannten Topmanager aufnehmen können. Die Frage ist nur: Erwarten unsere Chefs diese wahrhaft ritterlichen Tugenden von uns, weil sie sie selbst nicht haben oder aber weil sie sie haben und jemanden suchen, der ihnen gleicht? Meine These: Sie wollen eine Deckungsgleichheit, denn die ist in der Regel harmonischer und einfacher. Und dabei gehen sie selbstredend davon aus, dass sie genau das haben, was sie selbst einfordern. Aber ist es glaubwürdig, wenn ein Chef »Teamfähigkeit« voraussetzt und wenn er selbst kaum spricht oder zuletzt vor 12 Jahren in einem Team gearbeitet hat? Wie gut wird die Nervenstärke einer Sekretärin sein, wenn ihr Chef vor lauter Nervenschwäche seinen Briefbeschwerer in Richtung offene Tür donnert? Nein, die einzige Schwäche, die Chefs gerne demonstrativ kompensiert sehen, ist die Unordnung. Mit der wird dann kokettiert: »Ich bin schon so ein kleiner Chaot, weil mein Kopf voller Ideen und Strategien ist und ich überall gerade Feuer lösche. Ich bin immer unterwegs und eben selten am Schreibtisch.« Warum dann gerade da das Chaos herrscht, bleibt ungeklärt. Wie auch immer, selbst die ordentlichste Sekretärin beißt irgendwann in die Tischkante, wenn er immer wieder das zumüllt, was sie am Vorabend gerade frei geräumt hat, wenn er alles liegen lässt, statt es 30 Zentimeter weiter in den Ausgang zu legen. Wir sind weder Putzfrauen noch Therapeuten. Gegensätze mögen sich anziehen. Aber wenn man das Gummiband zwischen den Polen zu stark überdehnt, reißt es eben.

★ Die Skills sind zu bewerten auf einer Skala von 0 (nicht wichtig) bis 5 (ganz wichtig). Die Liste sollte anschließend von 5 bis 0 absteigend sortiert werden, und zwar für beide Spalten.

	Sekretärin	Chef
• Flexibilität		
• Humor		
• Teamfähigkeit		
• Nervenstärke		
• Kommunikative Stärken		
• Kreativität		
• Ehrgeiz		
• Mut		
• Konfliktfähigkeit		
• Anpassungsfähigkeit		
• Durchsetzungs-vermögen		
• Sensibilität		
• Diplomatie, Verbindlichkeit		
• Fleiß		
• Freundlichkeit		
• Fröhlichkeit		
• Sorgfalt und Genauigkeit		
• Verlässlichkeit		
• Loyalität		
• Belastbarkeit		
• Offenheit		
• Kritikfähigkeit		
• Respekt		

3. Wir Team – Kernschmelzversuch

Machen wir die Probe aufs Exempel. Werden wir uns trauen, unserem Chef für das nächste Mitarbeitergespräch diese kleine Liste unterzujubeln? Vielleicht nicht, aber vielleicht lassen wir das Buch einfach mal auf dieser Seite aufgeschlagen auf dem Schreibtisch liegen … Denn ein Chef sollte einmal die Hand aufs Herz legen (vorne links auf Brusthöhe) und sich ernsthaft überlegen, ob er a) selbst das vorlebt, was er erwartet, und b) das deckungsgleiche oder komplementäre Element im Sekretariat braucht – und zulässt.

»Können Sie mitdenken?« – das Vorstellungsgespräch

»Ich brauche jemanden per nächsten 1. Gucken Sie sich doch mal ein paar Kandidatinnen an. Nächste Woche bin ich dicht, aber in KW 45 würden ein oder zwei Gespräche mit der engeren Wahl gehen, so im 45-Minuten-Slot.«

Die Suche nach der »persönlichen Assistentin« wird oft erst einmal komplett delegiert. Viele Chefs sind hochbeschäftigt. Wie viele von ihnen möchten schon gern ein Vorstellungsgespräch in die halbe Stunde zwischen letzter Budgetbesprechung und abendlichem Arbeitsessen geknallt haben? Würden die das bei einem Termin mit ihrer Innenarchitektin auch so machen? Bereiten sich viel beschäftigte Führungskräfte auf ein Vorstellungsgespräch mit einer Sekretärin vor? Oder verlassen sie sich nicht eher auf ihre intuitiven Managementskills und schlagen die Bewerbungsmappe erst auf, wenn die Dame auf dem Foto ihnen bereits gegenübersitzt? »Ich gucke mir das jetzt mal gar nicht mehr an, sondern Ihnen in die Augen. Dann erzählen Sie doch mal.«

Viele Chefs haben zudem schlichtweg verlernt zu fragen, oder sie sind darin wenig kreativ. Dann ähneln Vorstellungsgespräche weniger einem Dialog als vielmehr einer Vernehmung. Wir Sekretärinnen möchten zum Reden gebracht werden. Oft trauen wir uns auch nicht, die richtigen Dinge zu sagen, oder sie fallen uns zu spät ein. Man kann sie aber aus uns herauslocken. Originalität und Informationsgehalt müssen ja einander nicht ausschließen.

Fragen, mit denen ein Chef bei uns punkten kann:

- ❏ Wie würden *Sie* mir denn diese Stelle verkaufen? (alternativ zu »Warum bewerben Sie sich gerade bei uns?«, denn darauf möchte man am liebsten antworten: »Weil ich einen Job brauche.«)

- ❏ Welche Kenntnisse und Stärken möchten Sie auf jeden Fall im Job anwenden können?

- ❏ Wie sieht für Sie die perfekte Sekretärin aus?

- ❏ Wie sieht für Sie der perfekte Chef aus? Wie selbständig darf er sein?

- ❏ Sind Sie mehr die Schreiberin oder mehr die Organisatorin?

- ❏ Was können Sie, was mein Blackberry nicht kann?

- ❏ Was könnte Sie von anderen Sekretärinnen unterscheiden?

- ❏ Haben Sie vorher in einem Einzelbüro oder im Team gearbeitet, und was finden Sie besser?

- ❏ Haben Sie bisher immer für einen oder für mehrere Chefs gearbeitet?

- ❏ Haben Sie vorher an Projekten mitgearbeitet und wenn ja, wie sahen die aus?

- ❏ Warum haben Sie Ihre letzte Stelle verlassen?

- ❏ Wie gehen Sie a) mit Langeweile, b) mit Überlastung um? (Alternative zur Frage »Sind Sie belastbar?«, bei der man sich vorkommt wie eine Badezimmerwaage)

- ❏ Wie sieht Ihre nächste 5-Jahres-Planung aus?

☐ Interessiert Sie, was ich vorher gemacht habe?

☐ Welche Zeitungen/Bücher lesen Sie?

Worüber er auf jeden Fall sprechen beziehungsweise aufklären sollte:

☐ Arbeitszeit?
☐ Wird mehr diktiert oder lässt man gerne frei formulieren?
☐ Protokolle/Gutachten/Exposés?
☐ Präsentationen, Data Sheets, Datenbanken?
☐ Privates? *
☐ Zuständigkeit für mehrere Chefs?
☐ Zu leistende Urlaubsvertretungen in anderen Sekretariaten?
☐ Wie sieht es mit seinen An- und Abwesenheiten aus?
☐ Fortbildung?
☐ Gehaltsentwicklung? Gehaltsmodelle?
☐ Wie sieht der Arbeitsplatz aus?

* **Privates** – Die Frage »Wären Sie auch bereit, private Dinge für mich zu erledigen?« kommt leider viel zu selten von allein. Die meisten Chefs der oberen Hierarchieebenen gehen selbstredend davon aus, dass wir ihre Privatkorrespondenz »schnell mal dazwischenschieben«. Was sagt man aber als Sekretärin, wenn diese Frage wirklich kommt? Es gibt wenige, die hier »Hurra, ich will!« rufen. Um sich also nicht gleich um alle Chancen auf den Job zu bringen, sollte man dieses vorsichtig bejahen, aber genau nachfragen, um was es sich da handelt, und sich die Möglichkeit ausbeten, den Umfang dieser Aufgaben gemeinsam zu überdenken, wenn es zu viel wird. Eigentlich sollten wir zu diesem Thema einen separaten Vertrag mit separater Entlohnung aushandeln. Aber keine von uns tut das, und die Gründe dafür liegen auf der Hand. Mehr dazu im Kapitel »Privates«, das insbesondere den Chefs zu empfehlen ist.

Der erste Arbeitstag

»Wie war noch mal Ihr Name?«

Irgendwann und irgendwo müssen auch Chefs einen ersten Arbeitstag gehabt haben. Sie waren ja nicht immer schon da, wo sie sind. Auch wenn sich einige von ihnen so benehmen. Vielleicht können sie sich gar nicht erinnern an diese seltsame Mischung aus Neugierde und Motivation, aus Orientierungslosigkeit und Unsicherheit, das sich in der Magengegend breit machte? Bei mir liegen solche Erinnerungen in der Verdrängungsskala auf derselben Höhe mit dem ersten Schultag, meiner Erstkommunion und meinem Pinguinkostüm, das mir ungefragt übergestülpt wurde, wenn Karneval war. Oder erleben Führungskräfte selbst das ganz anders? Wenn sie ihren Job antreten, um das Ruder herumzureißen, können sie sich vielleicht auch keine derart peinlichen Gefühle leisten und verlegen sie irgendwohin, an einen Ort, wo sie erst einmal keinen unmittelbaren Schaden anrichten können. An ihrem ersten Arbeitstag kommen diese Regungen unter Umständen auch gar nicht erst auf, weil der kleinste Funke Unwissenheit oder gar Orientierungslosigkeit im Keim erstickt wird – durch Begrüßungskomitees, denen nur noch die Blaskapelle fehlt, durch Sekretärinnen, die eine Spur zu bemüht wirken, durch Einarbeitungsteams, die verschwenderisch personalstark besetzt sind. Oder vielleicht sitzen neu gekürte Manager auch nur allein vor einem großen, neuen, leeren Schreibtisch, mit dem einzigen Trost, einen Großteil dessen, was jetzt kommen wird, selbst bestimmen zu können. Es gibt Schlimmeres.

Man hatte mir gesagt, ich solle mich irgendwann zwischen 8.30 und 9.00 Uhr einfinden. Ich hatte für mich ermittelt, dass der optimale Zeitpunkt des Betretens der Etage unter diesen Umständen bei 8.38 Uhr liegen müsste – um nicht unprickelnd eifrig und pedantisch pünktlich zu wirken und doch noch den Großteil der erlaubten Zeitspanne gut zu haben. Es war mein erster Arbeitstag als Sekretärin der Geschäftsführung einer bekannten deutschen Werbeagentur.
»Guten Morgen, was kann ich für Sie tun?« Die junge Frau am Empfang sah noch nicht einmal auf. Nicht nur ich, sondern auch Berge von Post waren gerade eingetroffen.

»Guten Morgen. Ich bin Katharina Münk.«

»Schön für Sie. Haben Sie einen Termin?«

»Ich bin die neue Sekretärin und wollte mich nur vorstellen, bevor ich durchgehe.«

»Durchgehen? Wohin denn?«

»Na, ins Büro von Herrn Faltschneider.«

»Weiß Dorothee davon?«

»Wer ist Dorothee?«

»Na, die Sekretärin von Herrn Faltschneider.«

»Die wird ab heute nicht mehr kommen, befürchte ich. Ja, hat man Sie denn nicht ...«

Nein, man hatte nicht. Dasselbe Spiel wiederholte sich im Büro mit meiner zukünftigen Kollegin, die erst einmal die Kaffeetasse meiner Vorgängerin in Sicherheit brachte, bevor ich den Schreibtisch berühren konnte, der offenbar etwas übereilt verlassen worden war. Dann kam mein Chef. »Ah, da sind Sie ja. Habe ganz vergessen, Sie vorzustellen. Wie war noch mal Ihr Name?«

Von derartigen ersten Arbeitstagen träumt man. Bei Mondlandungen sind wenigstens noch Kameras dabei. Mir hat das niemand geglaubt. Ich hätte auch ein grünes Gesicht, lila Augen und zwei kleine Hörner auf meinem Kopf haben können, und die zukünftigen Kollegen hätten nicht überraschter geguckt. Mein neuer Chef hatte schlicht und einfach vergessen oder es verdrängt, den Personalwechsel intern anzukündigen. Dieses Entrée hat meinen Wahrnehmungsfilter für die ganze Zeit danach geprägt, der Eindruck war nicht mehr änderbar. Ich bin bis zum Schluss in einem grünen Ganzkörperanzug mit zwei Hörnern auf dem Kopf durch die Agentur gelaufen.

Nein, für unseren ersten Arbeitstag muss ein Chef keine Girlanden und Luftballons aufhängen beziehungsweise aufhängen lassen oder sich eine Schleife um den Bauch binden beziehungsweise binden lassen. Wir Sekretärinnen erwarten noch nicht einmal einen Willkommens-Blumenstrauß, auch nicht unbedingt die Einarbeitung durch unsere Vorgängerin. Alles was wir gern hätten, wäre eine Begrüßung, informierte Kollegen, einen festen Händedruck und ein »Ich freue mich«. Das kann so ein Chef heute alles delegieren – im Zweifel auch den Händedruck, wenn er selbst auf Reisen ist, kein Problem. Was auch immer er tut oder nicht tut am ersten Arbeitstag seiner neuen Mitarbeiterin, er sollte eines bedenken: Diese Frau besitzt ganz am Anfang in der Regel etwas, was alle anderen in der Firma nicht mehr in ähnlich unverfälschter Weise haben: Neutralität, den unvoreingenommenen Blick auf die Menschen und die Dinge, Hoffnung und Ehrgeiz – per se und völlig unspezifisch. Bewundernswert. Kostbar. Fragil. Er sollte behutsam damit umgehen und seiner Freude darüber durch den Gebrauch von Sprache Ausdruck verleihen, per Handschlag, telefonisch oder schriftlich. Es gibt ja so viele Möglichkeiten.

Was die Neue gern hätte

Der beste Staffellauf wird vermasselt, wenn die Übergabe nicht stimmt. Von folgenden schriftlichen Unterlagen am Arbeitsplatz hätte ich geträumt, wenn keine Einarbeitung vorgesehen ist:

- Mitarbeiterleitfaden, falls es so etwas gibt
- Laufplan, welche Bereiche des Unternehmens in welcher Reihenfolge kennen gelernt werden sollten (gibt es für Sekretärinnen immer noch höchst selten, trotz so genannter »Schnittstellenfunktion« …)
- Telefonlisten, Organigramme
- Schlüssel, persönliche PC-Kennung
- detaillierte Arbeitsplatzbeschreibung (u. a.: Welche periodischen Unterlagen werden erstellt und müssen wann an wen verteilt werden? In welchem Rhythmus müssen welche Sitzungen vorbereitet und abgehalten werden?)
- elektronischer Ablageplan (Datei-Pfade, Mailordner), häufig benötigte Dateien auf dem Desktop
- Liste der offenen To-do's, Wiedervorlagen
- Liste mit Namen der Personen, die in jedem Fall durchgestellt werden müssen und für die ggf. Meetings verlassen werden (privat und/oder wichtig)
- Telefon-Notfall-Liste (IT, Reisebüro, Hotels, Blumen, Kurier, etc.), evtl. mit Kundennummern

Ein Chef mag jetzt denken »Was muss ich mich damit befassen? Dafür gibt es doch Leute«. Ja, gibt es. Mit denen sollte er kurz reden. Nichts ist selbstverständlich, nur weil er es denkt. Solche Checklisten vereinfachen das Folge- und Überleben. Man mag das vielleicht in dem Moment schlagartig verstehen, wenn der Aufsichtsratsvorsitzende, der seine Funktion zu nennen nicht nötig hat, das erste Mal die neue Sekretärin am Telefon erlebt – und zwar mit der etwas unsicheren, aber sehr höflich-kecken Rückfrage: »Sie sind der neue Fitnesstrainer, nicht?«

Die ersten sechs Monate

Irgendwann ist die Zeit der betörenden Verheißung dessen, wer wir sein und wie wir wohl arbeiten mögen, vorbei: Er steht da und sagt »Na, dann wollen wir mal«, und sie versucht, möglichst nett, schlau und schnell zu sein. Eine hundertprozentige Arbeitsleistung ist dabei nicht von Beginn an möglich. Das hat man gerne schriftlich. Die Erfahrung zeigt, dass dies – abhängig von den Aufgaben – erst nach drei bis sechs Monaten realistisch ist, was auch im Sekretariat der allgemein üblichen Dauer der Probezeit entspricht. Es können jedoch gar ein bis zwei Jahre vergehen, bis eine Sekretärin weiß, was ihr Chef wann und warum nicht gesagt hat, und ihm trotzdem im richtigen Moment eine komplette Akte dazu gibt, so dass er annehmen muss und irgendwann auch glaubt, er hätte es eben doch gerade vorher und genau deswegen gesagt. Diese Choreographie, das so genannte Denken und Handeln als Einzeller, erfordert eine Menge Menschenkenntnis und geradezu selbstverleugnendes Einfühlungsvermögen, also mehr als in eine Probezeit passt.

Das Rasterprinzip

Bereits nach zwei bis drei Wochen der Zusammenarbeit wird ein Chef eine Ahnung von der Artenvielfalt der Sekretärinnen in der Ausübung ihres Berufes bekommen, und er wird nach Worten suchen. Seine erste Einschätzung, die zwischen »super« über »ach, ja« bis »na, ja« gehen mag, wird er vielleicht verbal noch etwas ausschmücken wollen, falls die Personalabteilung ihn zu fragen wagt. Es gibt da ein Raster. Männer lieben solche Hilfsmittel, Frauen hassen sie. Es handelt sich dabei um gemeine Stereotype, aber sie helfen, Tendenzen zu erkennen, sie plakativ zu machen, um besser aktiv werden zu können. Mischtypen lassen sich damit besser beschreiben. Wir Sekretärinnen mögen also ahnen, wie unsere Chefs uns einschätzen, während wir uns durch die Probezeit mühen. Folgendes Raster ist im Übrigen auch auf unsere Vorgesetzten selbst anwendbar, wenn man das alles aus der Sicht des Chef-Chefs sieht:

1. Synchronschwimmer/-in

- richtet sich gänzlich auf den Arbeitsrhythmus des Vorgesetzten und seine momentane Befindlichkeit aus und stellt verhältnismäßig wenig Fragen.
- macht sich nach Auftragserteilung sofort an die punktgenaue Umsetzung.
- versteht sich gut mit seinen Freunden und schlecht mit seinen Feinden.
- kommt und geht mit ihm.
- Lieblingsworte: »selbstverständlich« und »gerne«.

Chefs sind oft auf den ersten Blick angetan von diesem Typus, weil wir dazu neigen, Menschen umso mehr zu mögen, je ähnlicher sie uns scheinen.

2. Animateur/-in

- ist mitunter etwas anstrengend, da beseelt von dem Gedanken, das absolute Optimum aus sich selbst, aus dem Job und – schlimmer – aus dem Chef herauszuholen.
- stellt viele Fragen, in denen das Wort »warum« vorkommt.
- hat zwei Lieblingsworte: »anders« und »besser«.
- ist schnell, formuliert Texte selbst, bevor er auch nur die Chance einer Stichwortvorgabe oder gar eines Diktats hat.
- vergibt Termine im 20-Minuten-Takt.

Chefs sind fasziniert oder entsetzt oder beides.

3. Söldner/-in

- stellt keine Fragen – auch nicht, wenn sie/er es sollte.
- legt ihm die Post auch schon einmal unsortiert in den Eingang.
- ruft die erste Person auf seiner Telefonliste zurück und stellt durch, aber nicht mehr unaufgefordert die zweite.
- bleibt selten von allein länger im Büro.
- macht, was erwartet wird, aber auch nicht mehr.

Chefs haben hier weder Grund zur Klage noch zur Begeisterung. Es bleibt ein dumpfes Gefühl, das man im Tagesgeschäft schnell vergisst, denn man kann ja auch nicht sagen, dass es nicht klappt.

4. Der/die Überforderte
- ist nicht der Fels, sondern die Brandung.
- manchmal läuft Wasser aus den Augen.
- stellt keine Fragen – auch wenn er/sie welche hat.
- Schreibtische in unmittelbarer Umgebung werden voller statt leerer.
- die Akte für die Aufsichtsratssitzung ist entweder hauchdünn oder zentnerschwer.
- hinter jedem gesprochenen Satz scheint ein Fragezeichen zu stehen.

Chefs meiden weitestgehend den direkten Kontakt.

Bei aller individuellen Vielfalt geht es am Ende um:
1. Personalentscheidungen, die wirklich aufgehen
2. Personalentscheidungen, die weder ein Erfolg noch ein Misserfolg sind
3. Klare Fehlbesetzungen

»Ich hätte das glatt vergessen« – das Probezeit-Gespräch

In der Regel findet nach drei Monaten zur Rückkoppelung für beide Seiten ein erstes Beurteilungsgespräch statt, im Verlauf dessen man durchaus eine sechsmonatige Probezeit auch vorzeitig beenden kann, wenn bereits zu diesem Zeitpunkt alles gut läuft. Das tun viele Chefs mit einer freudigen, generösen Geste des Entgegenkommens. Dass die Sekretärin nicht nur Bittstellerin ist, sondern auch hier genauso gut prüft und abwägt, ist vielen dabei wiederum nicht ganz klar. Die Frage »Wie gefalle ich Ihnen so als Chef?« dürfte bei jeder Sekretärin gut ankommen, und sie erhöht schon per se die Chancen auf eine positive Antwort. Warum machen bloß so wenige Chefs Gebrauch davon? Es ist doch so einfach. Fürchten sie die Antwort, wo ihr Selbstwertgefühl doch sonst auch ganz okay ist? Warum nicht mal persönlich werden statt immer so sehr abstrakt über »den Job« oder »das Arbeitsgebiet« zu sprechen? Schließlich liegen vorzeitige Kündigungen gerade im Sekretariatsbereich zumeist in den Personen und nicht in der Arbeit begründet.

Es menschelt eben gewaltig, wenn man so nah aufeinander hockt und noch dazu in einem klaren Abhängigkeitsverhältnis zueinander steht.

Es soll auch vorkommen, dass Chefs das Ende der Probezeit ihrer Sekretärin gänzlich vergessen, wenn diese es nicht für ihn in Outlook eintragen. Bei der Konfrontation mit den Feststellungen »Meine Probezeit geht heute zu Ende« und »Der Wasserkasten ist leer« ist dann in der Mimik kaum ein Unterschied erkennbar. Es ist wie in der Küche: Wenn einem das Essen schmeckt, verliert man kein Wort darüber.

II. DIE HOHE KUNST DER ZUSAMMEN-ARBEIT

4. Der Frauen-Faktor
– Chancen und Risiken für den Chef

Viele kleine und große Unfassbarkeiten, die ich in meinem Job erlebt habe, lagen nicht unbedingt daran, dass ich eine Sekretärin unter Chefs war, sondern vor allem eine Frau unter Männern. Die Erkenntnis, dass Männer und Frauen unterschiedlich arbeiten, weil sie völlig unterschiedlich kommunizieren, ziemlich unterschiedlich denken und gänzlich unterschiedlich fühlen, ist so alt wie die Menschheit. Es ist deswegen beachtlich, dass wir uns heute immer noch so intensiv damit beschäftigen – als könne man das jemals ändern. Das Spektrum reicht dabei von abendfüllenden Kabarettveranstaltungen, über kurze Momente der inneren Erschütterung bis hin zur Scheidung beziehungsweise Kündigung. Aber das Sekretariat ist da schon ein ganz spezielles Feld. In keinem anderen Beruf lässt sich das klassische Rollenverhalten so schön zelebrieren und in all seiner chaotischen Vielschichtigkeit ausleben. Nirgendwo sonst ist es so wichtig, sich darüber im Klaren zu sein. In dieser Nutzgemeinschaft müssen sich im Unterschied zur Ehe beide Partner einigermaßen zusammenreißen. Das kann spannend werden. Und es erfordert Vorkenntnisse: Wenn eine Sekretärin plötzlich nahezu verstummt, bockig wird oder ihrem Chef versehentlich ein Kännchen Dosenmilch in die Tastatur schüttet, so sollte dieser wissen, woran das liegen könnte – das wäre dann »Diversity Management« in reinster Form. Das Einbringen von weiblichen Qualitäten in die Männerwelt funktioniert nicht nur über Frauenquoten, sondern eben auch über die Zusammenarbeit mit der eigenen Sekretärin, die doch tatsächlich auch eine Frau ist. Das kann Horizonte erweitern. Denn wir denken nie »mit«, sondern meistens einfach anders. Die Vielfalt kann eben verdammt anstrengend sein.

»So einfach ist das nicht« – Denk-Horizonte

»Frau Münk, können Sie mir den Ordner zu Kunde XY mit ins Meeting geben?«
»Über den sprechen Sie da auch? Der steht nicht auf der Agenda.«
»Ja.«
»Aber ich kann Ihnen doch unmöglich das dicke Teil von Ordner mitgeben. Wir haben doch viel aktuellere Informationen im System. Der Status ändert sich doch täglich!«
»Bitte den Ordner, einfach den Ordner.«
»Ich könnte Ihnen zumindest eben schnell noch das aktuelle Customer Sheet aus dem Risk Management ausdrucken und die Jahre 2006 bis 2008 aus dem Ordner nehmen.«
»Nein, Frau Münk. Danke.«
»Sollten Sie nicht vorher noch kurz mit dem Key Accounter sprechen? Ich ruf da schnell an und stell durch.«
»Ordner.«
»Ja, haben Sie denn die kompletten Kennzahlen im Kopf?«
»Nein, aber die Namen der Leute, die damit befasst sind.«
»Ich werde Ihnen die letzten Mails noch schnell ausdrucken und draufheften. Damit dürften Sie fürs Erste für alle Eventualitäten gewappnet sein.«
»Cross the bridge when you come to the bridge.«
»Wie?«
»Ordner. Give it. Es reicht, wenn auf dem Rückenschild gut lesbar der Name des Kunden steht.«
»Warum?«
»Sie glauben doch nicht im Ernst, dass ich das Teil aufklappe.«
»Hm.«
Und dann hätte ich gern noch einen von den Schreibblocks mit dem Firmenlogo drauf. Können Sie noch ein paar Seiten davon durch Ihren Drucker jagen und meinen Namen oben rechts in die Ecke zaubern?«

Wer hier von wem etwas lernen kann, sei dahingestellt. Chefs mögen manchmal auf das Problem treffen, dass wir Sekretärinnen zwar schnell denken, aber nicht nur in eine Richtung. Das liegt an unserer ganzheitlichen Denkweise, an der so genannten 360-Grad-Betrachtung der Dinge, die wir bei jedem Gedanken mit einbeziehen, oder – hirntechnisch ausgedrückt – an einem Bündel Querfasern zwischen unseren beiden Gehirnhälften, die Männer und sogar Chefs nicht haben (die Querfasern, nicht die Gehirnhälften). Wir verbinden Emotionen, Bilder und Intuitionen der rechten Gehirnhälfte mit der rationalen Ebene logischen Denkens der linken Hälfte, mal mehr, mal weniger, aber wir tun es. Es bedarf dazu nur einer kleinen Reflexionsschleife. Wenn es also um die Darstellung eines Sachverhalts geht, nehmen wir Frauen dabei geradezu kleinkarierte Züge an. Wir sagen nicht, was ist, sondern warum und wie was ist, was das eigentlich bedeutet und wie es vielleicht werden wird. Bevor wir einen Punkt setzen, muss der Satz vorher mindestens drei Aspekte abgearbeitet haben, nach denen nicht unbedingt gefragt wurde. Die typisch weibliche Denkweise ist: »Bei meinem Gegenüber könnten Fragen offen bleiben, also erzähle ich lieber so genau wie möglich.« Sicher ist sicher. Was wir machen, machen wir richtig. Andererseits kann es durchaus vorkommen, dass wir unseren Chef heute schon nach Dingen fragen, mit denen er sich eigentlich erst morgen beschäftigen wollte. Dann haben wir zwar nicht schnell, aber mehr und weiter gedacht als er. Er sollte gnädig mit uns sein, ein richtiges Problem hat er erst, wenn wir gar nicht denken.

Es sei an dieser Stelle angemerkt, dass eine »Schnurstracks-Geradeaus-Denkweise« enttäuschenderweise meist keine systematisch erworbene Managementfähigkeit ist, sondern lediglich der natürliche, angeborene Drang des Menschen, Sachverhalte simplifizieren zu wollen. »Denn der Mensch hat die Sehnsucht, sich die Welt so weit zu vereinfachen, dass er sie, ohne nachzudenken, verstehen kann«, sagt Management-Professor Fredmund Malik. Was die Komplexität angeht, sind Frauen tatsächlich etwas weiter: Wenn man ihnen zwei Berichtsthemen vorgibt, wie etwa »Chancen und Risiken der neuen Marktausrichtung« und »Ausblick auf den Geschäftsverlauf«, so schreiben sie zwei ausführliche Berichte. Männer dagegen schreiben einen Bericht zum ersten Thema und versehen diesen mit dem Titel: »Chancen und Risiken der neuen Marktausrichtung und Ausblick auf den Geschäftsverlauf.« Aber so einfach ist es nicht. Und genau darauf werden wir unseren Chef hinweisen, wenn wir sagen: »Aber so einfach geht das doch nicht.« Er sollte zur Abwechslung auch mal auf uns hören, denn nur komplementäre Denkweisen sind geniale Denkweisen.

»Sagen Sie doch was« – Abenteuer Kommunikation

Worte – Zaubermittel und Wurzel allen Übels

Die Kommunikation ist das Minenfeld schlechthin. An ihrer Art und Weise, ihrer Interpretation oder ihrem Nichtvorhandensein verzweifeln die meisten Chefs und Sekretärinnen immer wieder gerne, und die Reibungsverluste, die dadurch entstehen, werden kolossal unterschätzt. Erstaunlich, dass unsere genialen Werkzeuge der Verständigung, über die der Rest der Tierwelt nicht in derselben Bandbreite verfügt, immer noch so schwer einzusetzen sind, dass wir es mancherorts mit bellenden Dobermännern und heulenden Wölfinnen zu tun haben. In der Firma reichen die Kommunikationsprobleme von

- **Missverständnissen**, die mehr oder weniger schwerwiegend sein können (Chef landet in Amsterdam, wo er doch eigentlich nach London wollte),
- **über falsch ausgetragene Konflikte** (In Amsterdam gelandeter Chef brüllt drei Tage lang seine Sekretärin an, ohne nach den wirklichen Gründen zu suchen, Sekretärin spricht drei Tage lang kein Wort. Man verfehlt sich auf 30 Quadratmetern gemeinsamer Bürofläche),
- **und inneren Kündigungen** (Sekretärin stellt nun endgültig alle Extraservice-Leistungen ein und macht um 17.00 Uhr Feierabend, was Chef merkt und mit schlechter Laune seinerseits pariert. Es wird dichtgemacht.)
- **bis hin zu einem ausgewachsenen Betriebsklima-Problem** (Chef denkt es nämlich schon länger und sagt es jetzt auch: »Meine Sekretärin ist unfähig, alle unfähig«). So etwas legt sich per Dominoeffekt über die ganze Firma und kostet das Unternehmen Millionen – kostenintensive Last-Minute-Buchungen Amsterdam – London sind da noch gar nichts. Die Beschäftigung mit mangelnder oder falscher Kommunikation und mit den daraus resultierenden Problemen kann eine Arbeitsstunde und mehr pro Tag kosten. Laut jüngster Gallup-Umfrage beklagt heute bereits jede zweite deutsche Führungskraft ein schlechtes Betriebsklima – obwohl man doch eigentlich meinen müsste, dass so ein Chef das selbst in der Hand hat. Das ist in doppelter Hinsicht traurig.

Der Rest ist Schweigen

Jeder Chef mag sich dann und wann dabei ertappen, dass er so vollends mit der Konsolidierung seiner Welt beschäftigt ist, dass für darüber hinausgehende, verbal geäußerte Gedanken keine Kapazitäten mehr zur Verfügung stehen.

Zudem ist die Kommunikation heute so virtuell geworden, dass sie eigentlich viel öfters und völlig autonom mit dem Finger auf der Tastatur als noch mit dem Mund passiert. Damit wird Letzterer seiner Funktion mehr und mehr enthoben. Man kriegt ihn immer schlechter auf. Und es geht ja auch so: von fern gesandte Klangdatei mit einem Wisch statt Stenoblock am selben Tisch. Mit Blackberry und Mail ist man zudem herrlich abgelenkt vom Hier und Jetzt. Nein, heutzutage verbringen wir effektiv *nicht* mehr Zeit als die eigene Ehefrau mit dem Chef – wenn das auch nicht heißt, dass er mehr Zeit als früher für sie hat. Wenn wir wissen wollen, was der Chef von uns erwartet, wenn der Tag beginnt, gucken wir erst einmal in unser elektronisches Postfach. Neulich bekam ich eine Mail von meinem Chef im Büro nebenan:»Können Sie mal kommen?« Ich habe mich gefragt, ob er vielleicht glaubt, dass wir abgehört werden oder einfach nur einen grippalen Infekt auf den Stimmbändern hat. Beides war nicht der Fall.

Dieser Chef hatte auch ansonsten viele Wort-Spar-Tage, zumindest in der Zusammenarbeit mit mir. Unsere Kommunikation beschränkte sich vorwiegend auf Mitteilungen seinerseits. Nach dem Motto »Logistik vor Inhalt« lauteten die zu überwindenden Kernfragen »Wer, Wann und Wo?« und nicht etwa »Warum oder Wieso das denn?« Die Erkenntnisse aus meinem Seminar »Wie Sie Ihre Botschaft psychologisch richtig und individuell gestalten und aussprechen« konnte ich mit ihm nicht umsetzen. Aber etwas an ihm war phänomenal: Bei sich ändernden Umgebungsbedingungen (Anwesenheit von Dritten, Meetings, Öffentlichkeit) überkam ihn ein für mich völlig befremdlicher Sprechdurchfall – kein Satz, in dem er nicht selbst irgendwie präsent gewesen wäre, sei es auch nur durch ein kleines Possessivpronomen. Hatte er vorher noch bei mir sprachlich im Rollstuhl gesessen, so war er jetzt zum reinsten Drahtseiltänzer mutiert. Solange er redete, musste er wohl nicht denken. Denn es kam zu entbehrlichen Satzanfängen:»Grundsätzlich ist es ja so, also, man muss sagen, nun, wenn Sie mich fragen, machen wir uns nichts

vor, basically, jetzt aber mal im Ernst, man müsste, man sollte, man könnte, in Anbetracht der Umstände, ich bin ganz bei Ihnen, aber.«
Die weibliche Kommunikation kennt solche Sprechzeitfüller nicht. Wir machen lieber den Fehler, dass wir den Kern eines Sachverhalts gleich im ersten Halbsatz verfeuern, während Männer ihn als finale Detonation circa 30 Minuten später, kurz vor Ende eines Meetings, aussprechen – dann aber umso wirksamer, denn sie wissen wohl, dass der zuletzt ausgesprochene Satz in den Köpfen hängen bleiben wird und eben auch die Person, von dem er stammt. Anwesende Frauen bleiben sitzen und regen sich noch etwas auf. Männer stehen auf und gehen.

Tipps für die verbale Kontaktaufnahme mit der eigenen Sekretärin

Ein Chef sollte wissen, dass wir Sekretärinnen nicht ernsthaft annehmen, dass wir die 8.000 Worte, die wir pro Tag sprechen müssen, nun ausgerechnet mit ihm abarbeiten können. In den Zeiten moderner Großraumbüros haben wir uns ja auch selbst. Die Kollegin sitzt im Zweifel nie weiter als einen knappen Meter entfernt. Alle kriegen alles mit. Da bleibt einem sowieso nichts anderes übrig als Kommunikation bis zum Tinnitus. Manchmal erfordert Kommunikation aber einen Informationsgehalt, den nur der Chef haben und geben kann und nicht die Kollegin. Chefs tun sich von Natur aus schwer mit der freiwilligen Preisgabe von Information, selbst in Fällen, in denen diese für uns eine eher organisatorische als inhaltliche Bedeutung haben. Uns wird da oft allen Ernstes empfohlen, unsere Chefs zu fragen, ob sie wissen, was wir, die Sekretärin, wissen müssen. Hallo? Diese Fragestellung ist unklug. Traut man den Chefs so wenig zu? Ein Verweis auf die Stichworte »gesunder Menschenverstand« und »rudimentäre Teamfähigkeit« sei hier erlaubt. Wenn ein Chef nicht weiß, was seine Sekretärin wissen muss, hat er andere Probleme, die viel spannender sind. Alle Chefs wissen, was sie eigentlich kommunizieren müssten, tun es aber trotzdem nicht. Da helfen nur klare Spielregeln, also Basisübungen, wie sie ohne großen Wortverschleiß auf das Positivste mit uns, ihrer Sekretärin, kommunizieren können:

1. Der Morgen-Gruß

Nein, dies ist keine Yoga-Übung und auch nichts, mit dem man anderweitig Schaden anrichten könnte. Es handelt sich um zwei Worte (Guten Morgen), die man zur Not auf ein Wort (Morgen) verkürzen kann. Insbesondere die letzte Möglichkeit lässt sich auch mit vollem Mund noch klar verständlich aussprechen. Die Fortgeschrittenen haben dabei Blickkontakt, denn diese Worte eröffnen den Tag, den beide Seiten möglichst produktiv zusammen meistern wollen. Und ganz nebenbei macht man die Welt damit ein wenig besser. Damit können Gesichter angeknipst werden. Es sind ja auch nur zweite Worte, eine sehr ökonomische Sache also. Da kann man sich nicht beklagen. Und alles ist besser als nur im Vorübereilen ein Laut wie aus der Tierwelt oder eine Kontaktaufnahme ohne Einführung, dass der Sekretärin vor Schreck ihr Morgenkaffee aus der Hand fällt. Man sollte also klar und deutlich in den Wald hineinrufen. Man weiß ja, wie Wälder antworten.

2. Die Einbindung

Das weibliche Sekretärinnen-Hirn ist gegenüber inhaltlichen Informationen, die für die Bewältigung des unmittelbaren Arbeitspensums aus der Sicht des Chefs nicht unbedingt erforderlich sein mögen, durchaus aufgeschlossen. Eine Kollegin hat mir in der Mittagspause einmal wunderbar plakativ das »Nicht-Eingebundensein« geschildert, als ihr Chef gerade von einer Reise gekommen war:

»Er kommuniziert eigentlich nur mit mir, indem er ›Hier‹ sagt und mir ansonsten wortlos die Reisekostenbelege auf den Tisch legt – im Übrigen das Einzige, was er höchstpersönlich zu mir bringt und nicht in sein Ausgangskörbchen feuert. Seine Kollegen bekommen von ihm spannende Berichte, neue Kontakte, neue Deals, neue Hotels, Bars und Restaurants, je nachdem wo er gerade war. Ich bekomme Belege. ›Hier.‹ Und wenn ich dann frage, wie es war, dann erzählt er mir etwas vom Bordmenü, der Luft- und Wassertemperatur vor Ort, der Matratzenqualität im Hotel. Wenn er von unterwegs aus Südostasien anruft und ich frage ›Wie läuft es denn mit den Verhandlungen?‹, dann kommt: ›Wunderbar. Etwas heiß und feucht hier, aber die Räume sind ja klimatisiert. Und die haben Getränke-Kühler hier auf dem Tisch. Müssen wir uns für den Sommer auch mal überlegen.‹«

Natürlich müssen Chefs nicht eine Tasse Tee mit uns trinken, während sie uns berichten, wie Sie sich nach einem Meeting oder einer Reise fühlen, was es in ihnen bewirkt hat und worauf es hinauslaufen könnte. Aber inhaltliche, nicht nur rein logistische Informationen schaffen einen Wissensstand, der sich nachhaltig auf die Qualität unserer zukünftigen Planungs- und Vorbereitungsarbeiten auswirkt und uns natürlich motiviert. Dasselbe gilt für die Teilnahme an Meetings, sei es als »Goodwill-Aktion« oder zur Protokollführung. Ich persönlich fand Meetings immer hervorragend – zur Feldforschung. Ansonsten versuchte ich aber tunlichst, sie mir zu ersparen. Denn in vielen Fällen wundert man sich als Sekretärin eben doch, wie viel Zeit die Männer da um den Tisch haben. Im Anschluss muss man zwei Stunden aufarbeiten, was in einem lebhaften Sekretariat drei Überstunden bedeutet. Denn für uns macht niemand die Arbeit, während wir im Meeting sind. Der Preis für diese Art der Einbindung ist also hoch, und oft ist die nachträgliche Zusammenfassung vom Chef höchstpersönlich sowohl zeitlich als auch inhaltlich effektiver. Meetings, in denen die Sekretärin wirklich aktiv eingebunden ist, kommen selten vor. Es gibt natürlich auch Frauen, die sich mit inhaltlichen Dingen gar nicht erst befassen wollen, sich nichts durchlesen und nichts fragen, also nach dem Prinzip »Dummheit schafft Freizeit« arbeiten, aber auch sie hat irgendjemand falsch ausgesucht oder in diesen Zustand versetzt.

3. Das Vermeiden von gebrüllten Worten

Einige Chefs tendieren dazu, aufgestaute Kommunikation in einem einzigen, kräftigen Atemstoß herauszulassen. Sie nennen das »eine Ansage machen« oder »sagen, wo's langgeht«. Das klingt theoretisch gut, hört sich aber praktisch nicht gut an und bringt nicht immer den gewünschten Effekt. Denn unkontrollierte Gefühlsausbrüche und der inflationäre Gebrauch von lauten Kraftausdrücken sind unsouverän. Es gilt sie zu vermeiden. Sie offenbaren dem Gegner (der in diesem Moment erstaunlicherweise auch eine Sekretärin sein könnte) die eigenen Leidenschaften, schwache Punkte, wunde Stellen. Außerdem neigt das überhitzte Gemüt zu Fehlern, die auch ein nachträgliches und fantasieloses »War nicht so gemeint« nicht wieder ausbügeln kann. Gebrüllte Sätze lassen keine Optionen offen. Einmal entsandt, fliegen sie unwiderruflich dahin. Statt in den Kopf gehen sie unter die Haut, jenseits unserer bewussten

Beeinflussung. Dort bleiben sie; auch ein nachträgliches »Entschuldigung«, sofern es kommt, ändert daran nichts mehr. Und bevor der Chef sich mit herausgepressten Worten beklagt, dass er nicht verstanden werde, sollte er vielleicht zuerst prüfen, wie und mit wie viel Dezibel er sich ausgedrückt hat. Gebrüllte Worte können auch ansteckend sein: Hinter manch unfreundlicher Sekretärin steckt ein cholerischer Chef, denn es ist schier unmöglich oder eben äußerst ungesund, einer Arbeitsumgebung, in der Stress und Druck ungeniert und laut ausgelebt werden, auch noch lotusblumengleich mit zuvorkommendem Service zu entgegnen. Sekretärinnen mit dahingehend schwierigen Chefs sollten ein paar Bonuspunkte haben, wenn sie das nächste Mal wieder keifen, so wie ihr Chef keift. Es ist verdammt schwierig, in einer unfreundlichen Umgebung freundlich zu bleiben.

Das alles heißt nicht, dass ein Chef sich nicht wütend oder zutiefst traurig zeigen darf. Jeder hat ein Recht darauf. Wenn er beispielsweise seiner Sekretärin etwas Unschönes mitteilen will, dann reichen ein kühler Gedanke und eine strenge Regieanweisung. Nur dann mag sie die Schuld bei sich suchen. Ansonsten regt sie sich nicht über sich selbst, sondern nur über einen wieder einmal brüllenden Chef auf. Und genau das wird Letzterer nicht wollen.

4. Die Kunst des Zuhörens und Ausreden-Lassens

Sekretärinnen halten keine Vorträge, die Knappheit unserer Rückfragen passt zwischen zwei bis drei Klingelzeichen eines Handys. Das mag gar nicht so untypisch weiblich sein, wie man glaubt. Wir haben gelernt, das, was wir zu sagen haben, auf den Punkt zu bringen. Aber ein Minimum an Airtime brauchen wir eben auch für die Atmung und das Aussprechen von Worten, verbunden mit der Hoffnung auf Einflussnahme, auf den Chef, seinen Termin, seinen Job, unseren Job. Warum tendieren manche Chefs dazu, uns nicht ausreden zu lassen? Tun sie es in der egozentrischen Annahme, alles besser zu wissen und erahnen zu können, oder ist es schnöde Ignoranz? Ich befürchte, es ist Letzteres. Wenn ich einen Anrufer in der Leitung habe und diesen zu meinem Chef durchstellen will, dann habe ich in der Regel keine Chance, die letzte Silbe des Nachnamens noch auszusprechen, denn schon knallt er seinen offiziellen Begrüßungstext in die Leitung, als würde die besagte Person bereits auf seinem Schoß sitzen. Dem Anrufer muss ich daher leider die ersten zwei Silben der Begrüßung durch meinen Chef unterschlagen, denn diese Zeit braucht mein Finger für das Drücken des Durchstellknopfes, auch wenn er vorher schon in Millimeterabstand darüber schwebte.

Aufmerksamkeit und Zuhören sind zu knappen Gütern geworden. Viele Chefs haben darin ein unterentwickeltes Gespür für andere und sich selbst. Sie reden permanent, sind einseitig kommunikativ, immer auf Sendung und haben von sich doch das Bild, dass sie unglaublich gute Zuhörer sind. Chefs sollten sich überlegen, wann sie zuletzt mit ihren Ohren und dem Rest vom Kopf ganz bei ihrer Sekretärin waren, sagen wir über die Länge von drei bis vier Sätzen hinweg?

5. Der Smalltalk
Viele Chefs versuchen, die berufsbedingte Nähe dadurch zu kompensieren, dass man keinen weiterführenden Kontakt aufnimmt. Andererseits will man ja nicht ungesellig sein. Dann kommen mitunter gequälte Worte dabei heraus, als hätte man gerade heiße Makkaroni in den Hosentaschen. Plötzlich ist da eine klamme Unsicherheit oder ein verheerender Kreativitätsmangel, sobald man die klare Rollenverteilung und die Bühne mit den Regieanweisungen und dem strikten Drehbuch verlässt.

Man möchte den Chefs zurufen:»Kommen Sie ruhig etwas mehr herein in unser Leben, denn wir tragen es mit in die Firma genauso wie Sie, auch wenn Sie es dort mehr ausleben können und wir Ihres im Zweifel viel besser kennen als Sie unseres. Warum also sachlich, wenn es auch persönlich geht? Man muss sich ja nicht gleich über das Liebesleben seiner Nymphensittiche unterhalten.«

Aber Vorsicht, es gibt Chefs, die zunächst nett und unverbindlich einen Smalltalk starten, um dann mehr oder weniger geschickt, meistens hinterrücks, einen Arbeitsauftrag an die Frau zu bringen. Das sollte man nie tun. Wir merken das. Und wir vergessen es nicht:

»Herr Dr. Listfeld, Sie müssen jetzt zum Flieger, oder? Soll ich Ihnen die Akte wirklich nicht mitgeben?«
»Unser Hamster ist tot.«
»Entschuldigung?«
»Wissen Sie, das geht einem schon zu Herzen, die kleine Dreckschleuder.«
»Och, das tut mir aber leid. Kommen Ihre Kinder damit klar? Also, als ich Kind war und mein Hase starb, ...«

»Ich bräuchte so eine stabile, ungefähr hamstergroße Schachtel. Vielleicht können Sie die mit ein bisschen Holzwolle aus der Weinkiste hinter dem Schrank auslegen?«
»Ja, selbstverständlich.«
»Ich glaube, ich werde den ersten Flieger morgen früh nehmen und mich heute Abend etwas um die Kinder kümmern.«
»Hm.«
»Dann wollen wir mal wieder.«

Die Folge: Sekretärinnen werden skeptisch bei jedem noch so ehrlich gemeinten Smalltalk-Versuch:

»Fahren Sie eigentlich auch Auto, Frau Münk?«
»Wieso sollte ich kein Auto fahren? Sehe ich so aus?«
»Nein, um Gottes willen. Ich dachte, nur so aus Interesse.«
»Soll ich Sie irgendwohin fahren? Haben Sie Ihren Führerschein verloren?«
»Wie jetzt? Nein, herrje.«
»Ich meinte das nicht so. Entschuldigung.«
»Nun, ja, lassen wir das. Haben wir noch was?«

6. Das Gespräch

Was sich ein Chef abends an der Hotelbar nonchalant an Worten aus den Ärmeln schüttelt oder tiefschürfend erörtert, wird plötzlich zur schwierigen Pflichtaufgabe, wenn seine Sekretärin »mal reden« will und ihm gegenübersitzt wie eine Spielverderberin. Denn ein solches Gespräch hat auch immer einen selbstreflektierenden Charakter, das heißt, er muss nicht nur über sie, sondern indirekt auch über sich selbst und seinen Führungsstil reden. Es gibt einfachere Themen. Er würde lieber die Ärmel aufkrempeln und mit ihr das Archiv aufräumen statt bei einem Glas Wasser eine Sache offen anzusprechen, aktiv zuzuhören und zu ermutigen, mehr zu erzählen. Es wundert daher nicht, dass diese Art von Unterredungen in vielen Unternehmen turnusmäßig von der Personalabteilung oktroyiert wird – als formales Gerüst, um mangelnde Sensibilität und Kreativität auszugleichen. Viele Chefs warten damit bis zuletzt.

Führungsaufgaben sind im Grunde Beziehungsaufgaben. Warum gehen viele Chefs nur so nachlässig damit um, oder wollen sie dieses Führungsinstrument nicht beherrschen? Dabei können sie es beiläufig herbeiführen, bevor ihnen die Personalabteilung den Revolver an die Brust setzt, und einfach mal fragen: »Wie geht es Ihnen eigentlich so?«

Folgende Reaktion einer Sekretärin mag Hinweise darauf geben, wie oft sie eine derartige Frage schon gehört hat:

»Wie geht es Ihnen eigentlich so?«
»Möchten Sie umbuchen?«
»Wieso?«
»Sie wollen doch was.«
»Nein, ich habe einfach gefragt, wie es Ihnen geht.«
»Das haben Sie mich die letzten fünf Jahre nicht gefragt.«
»Ich tue es aber jetzt.«
»Ich verstehe nicht so ganz.«
»Herrje, das ist doch eine ganz einfache Frage!«
»Steht mein Job irgendwie zur Disposition? Betrifft die Restrukturierung auch mich?«
»Nein.«
»Warum stellen Sie mir dann solche Fragen?«

»Merken Sie das denn nicht?«
– wenn Gefühle bis zum Halskragen stehen

Das Entsorgungsproblem

Man hört mancherorts, es mangele an Gefühl in deutschen Büros. Ich kann das nicht bestätigen. Wenn mein Chef wieder einmal einen seiner Momente hat, wackelt mein Schreibtisch, es vibriert jede einzelne Büroklammer, wenn er heißblütig und herzhaft die Tür zuknallt. Keine Spur also von unterdrückten Gefühlen, zumindest nicht so wie ich ihn erlebe. Selbst wenn er komplett dichtmacht, kriecht ihm sein Frust aus jeder Pore. Ich bekomme mehr davon ab, als mir lieb ist. Er kann wahrscheinlich nichts dafür. Er verwechselt mich wohl vielmehr mit einem kleinen Kraftwerk, in der Hoffnung, ich würde die mir auf diese Weise zugeführte Energie in neue Energie umwandeln. Leider ist das Gegenteil der Fall: Je wütender er ist, desto stiller werde ich. Nein, mein Chef und ich arbeiten nicht souverän und gefasst mit ausbalancierten Gefühlen den Tag ab. Das wäre definitiv zu langweilig und unkreativ, das sage ich mir jedenfalls immer wieder. Wir geben eine Vorstellung, als hätten wir Publikum: Er redet von »Truppen«, »Schlachten« und »ultimativen Demontagen«, dass man unwillkürlich an Hamlet denken muss. Er donnert die Gefühle heraus, dass ich befürchten muss, er habe bald gar keine mehr. Ich bin da auch nicht besser, bei mir gibt es Tage, da würde ich ihm doch glatt Liebesgetränke reichen, an anderen Kotzbonbons. Dann weiß ich nicht, ob ich ihn würgen oder nicht doch lieber in den Arm nehmen soll. Und ich rege mich mit nicht minderer Intensität auf, dass über Nacht drei Bewirtungsgläser zu Bruch gegangen sind und wieder einmal ein halbes Dutzend Löffel als vermisst gemeldet werden müssen. Nein, wer schon einmal eine Auszeit zu Hause genommen hat, wird das soziale Miteinander oder Gegeneinander im Büro vermisst haben! Und es gilt: Wirklich große Dinge erreicht man nur mit Gefühl, nicht mit stiller Gleichmut. Nein, diese kleinen und großen Detonationen des Alltags, die uns lebendig halten, die möchten weder mein Chef noch ich missen. Allerdings kann ich meine Emotionen berufsbedingt nicht so mitteilen wie er, und das ist manchmal schon ein wenig überfordernd.

Und wo liegen die Grenzen? Wie viele Gefühle kann ich ertragen im Job? Bei verschwundenen Gläsern und Löffeln ist es keine große Kunst, seine Gefühle in den Griff zu kriegen und sich zusammenzureißen. Mein Chef dagegen glaubt, Probleme zu haben, bei denen seine Triebhemmung nicht mehr funktioniert. Und irgendwo müssen die Gefühle ja hin – also Sekretariatstür auf und raus damit. Bis zum Sport am nächsten frühen Morgen ist es ja noch so lange hin. Und man kann den Seelenmüll ja nicht in die öffentliche Welt mitnehmen. Dafür gibt es eine »Zwischenwelt«, die Sekretariat heißt.

Ja, und dann sitzen wir da – nicht nur mit unseren eigenen stillen Emotionen, sondern auch mit den abgeladenen Gefühlen unserer Chefs, die Schultern werden schwerer, eigentlich würden wir einen Rucksack dafür brauchen, und es kommt zu ungesunden Körperhaltungen. Jetzt haben wir die Entsorgungsprobleme, und wir bauen ihre Gefühle nicht so schnell ab, wie unsere Chefs vielleicht annehmen. Denn wir sind komplex. Und nachtragend. Ob wir wollen oder nicht. Ist den impulsiven Dynamikern und Rächern aller Fähigen unter Unfähigen eigentlich bewusst, was sie da den ganzen Tag so energetisch auf uns abfeuern? Dafür gibt es keine Hygienevorschriften. Oft müssen wir es ausheulen oder abends ausschwitzen, in zwei Kursen »Bauch-Beine-Rücken-Po« hintereinander.

In Indien treffen sich Manager zum gemeinsamen Morgenbad am Ganges, eine Reinigungsübung. Sie sollten ihre Sekretärinnen mitnehmen.

Von der Nützlichkeit der Gefühle

Da Emotionen nun einmal zur menschlichen Grundausstattung gehören (sollten) und wir sie auch nicht loswerden können, muss man lernen, intelligent mit ihnen umzugehen und sie gekonnt einzusetzen. Das ist natürlich einfacher gesagt als getan, und Chefs fällt das in der Regel schwerer als ihren Sekretärinnen. Doch es gibt da eine fast schon betriebswissenschaftliche Herangehensweise:

Da wären zum Beispiel die mannigfaltigen Gesichtsausdrücke, die sich mit etwas Restgefühl auf dem Gesicht einer Sekretärin oder Teamassistentin ablesen und deuten lassen. Psychologen entdeckten in menschlichen Gesichtern 43 Aktionseinheiten, die jeweils aus der Bewegung eines oder mehrerer Muskeln bestehen. Die Module sind frei kombinierbar – 10.000 potentielle Ausdrücke gibt es, 3.000 davon ergeben einen emotionalen Sinn. Die große Kunst ist es nun, ein paar dieser 3.000 Ausdrücke im eigenen Gesicht zuzulassen, diese auch im Gesicht des Gegenübers zu erkennen und damit das zu verstehen, was nicht gesagt wird, sowie schließlich angemessen darauf zu reagieren.

Einer Sekretärin mag die innere Kündigung bereits seit Wochen dermaßen ins Gesicht geschrieben sein, dass man mittlerweile darin keinerlei Nuancen mehr wahrnehmen kann. Wenn ihr Chef nicht vorher schon etwas gemerkt hat, dann tut er es jetzt erst recht nicht mehr. Irgendwo unterwegs nach oben müssen ihm die Details in den zwischenmenschlichen Beziehungen verloren gegangen sein. Er muss ja nicht gleich ihre Augenfarbe kennen, obwohl das schön wäre, aber wenn ihr Blick stumpf und glasig wird, sollte er schon nachdenklich werden. Es ist wohl so: Von oben sieht die Welt entweder total schön oder total hässlich aus, für die Schattierungen dazwischen fehlt die Zeit oder der Mut oder beides und irgendwann eben auch der Blick. Das wiederum kann die Sekretärin einfach nicht glauben, sie unterstellt böse Absicht, weil sie selbst so sensibel ist. Dabei kann es auch schlichtweg daran liegen, dass er ihr nur noch selten ins Gesicht schaut, ihre Mimik kaum mehr wahrnimmt. Er tapst an ihr vorbei wie ein einsamer Wanderer im schottischen Hochnebel. Er sollte sich und seine Sekretärin da herausholen. Schottland ist nicht schön, wenn man irgendwann ganz allein dort herumstolpert.

Wenn einem Chef das mit dem Gefühl beziehungsweise mit dem Mitgefühl zu peinlich ist, dann kann er es auch einfach »Authentizität« nennen. Dankbare Testpersonen finden sich im eigenen Sekretariat. Und sollte er sein Einfühlungsvermögen bereits positiv bei gleich- oder höher rangigen Kollegen und Geschäftspartnern einzusetzen wissen, dann spricht rein gar nichts dafür, dass er ausgerechnet bei seiner Sekretärin in den Muffelmodus verfällt.

Manieren – die Magie der Höflichkeit

»Fühlen Sie sich wie zu Hause«

Höflichkeit schafft Distanz zwischen den Menschen. Sie dämpft die Leidenschaft und legt sich diskret und sanft über unseren triebgesteuerten Alltag. Im Sekretariat haben wir das Problem, dass unser Büro chefseitig nicht als Distanzzone gesehen wird. Im Gegenteil: Die Zwischentür bleibt offen – es entsteht ein einziger großer Raum, ein gemeinsames Wohnzimmer, letzte Bastion des Rückzugs, Auftankstation und Hobbykeller samt Punching-Ball und Isowänden. Glauben unsere Chefs allen Ernstes, wir könnten darin taubstumm oder blind werden, wenn sie ihrer Partnerin am Telefon wieder einmal lautstark die Meinung sagen oder ihr angeknabbertes Sandwich auf unserem Schreibtisch liegen lassen, wo dann der Camembert Richtung Mousepad fließt? Sich nicht zusammenreißen zu müssen, ist auch eine Form von Macht, und die wird leider allzu oft im Sekretariat ausgelebt. Hier ist man nicht diskret, sondern vor allen Dingen erst mal weniger selbstkontrolliert, locker, ganz locker. Man wähnt sich in Sicherheit. Der Anstand geht auf Abstand. Das ist umso erstaunlicher, wo es hier doch meistens um die Arbeitsbeziehung zwischen Mann und Frau geht, die schon deswegen einen Basiseinsatz von Manieren erfordert. Warum will mein Chef seinen Koffer in der rechten und das Notebook in der linken Hand partout nicht absetzen, wenn ich ihm gegenüberstehe und sich aus den Tiefen seines Brustkorbs ein bronchialer Hustenanfall entwickelt und sich ungehindert Luft verschafft? Warum tut er so etwas? Denkt er, ich sei als seine rechte Hand lediglich die Verlängerung seines Unterarms, der ja sowieso bereits mitinfiziert ist? Wenigstens einer von uns beiden sollte doch gesund bleiben, wenn schon nicht psychisch, dann doch wenigstens körperlich.

Der Sekretariats-Knigge für ihn

• Wenn Sie sich krümelnderweise an der Keksdose oder am Kühlschrank des Sekretariats bedienen, sprechen Sie nie mit vollem Mund und trinken Sie nie direkt aus der Wasserflasche. Sie benehmen sich sonst so wie nachts im Schlafanzug in der Küche, wenn Hunger und Durst Sie überkommen. Und genau dieses Bild von Ihnen hat Ihre Sekretärin in solchen Momenten vor Augen, Pantoffeln inklusive. Dasselbe gilt für den Griff nach bereits aufgedeckten Keksen im noch leeren Konferenzraum oder diversen Verlockungen im Kühlschrank, die nicht Ihnen gehören. Das ist nicht lausbübisch kokett, das ist peinlich. Damit hätten Sie in keiner Wohngemeinschaft eine Chance.

• Ihre Sekretärin ist eine Ihnen unterstellte Dienstleistungskraft, die Ihrem Wohlbefinden verpflichtet ist, kurzum: ein Symbol Ihrer Bedeutung. Da wir bereits im 21. Jahrhundert leben, lassen Sie ihr bitte trotzdem den Vortritt, wenn Sie durch die Tür gehen oder den Aufzug betreten. Sie mögen Ihren wichtigsten US-Kunden im Schlepptau haben, aber ein männlicher Rücken kann unter keinen Umständen entzücken.

• Stellen Sie Ihre Sekretärin bitte vor, wenn Sie mit Gästen ihr Büro betreten. Denn sie kann sich mangels Rückzugsraum und Zauberkraft nicht in Luft auflösen, auch wenn sie manchmal so behandelt wird. Sie hat im Zweifel Flughafentransfer, Hotelzimmer, City Guide, Opernkarten, das Catering und zwei Massagen für Ihren Gast gebucht, und dann hat sie verdammt noch einmal das Recht auf zumindest einen Händedruck.

- Ihre Sekretärin ist identifizierbar, hat einen Vor- und Zunamen. Bitte behalten Sie die irgendwie in Erinnerung, denn sie könnten nützlich sein. Die individuelle Ansprache ist das einfachste Mittel, um das, was Sie haben möchten, schneller und besser zu bekommen. Fortgeschrittene verwenden den Namen in Verbindung mit einem »Bitte« oder »Danke«.

- Sprechen Sie Ihre Sekretärin ruhig an, wenn Sie auf der Suche nach Vorgängen ungefragt an die Schränke des Sekretariats gehen. Sie könnte sachdienliche Hinweise liefern.

- Lassen Sie Ihre Sekretärin bitte ausreden. Halten Sie über zwei bis drei Sätze hinweg Augenkontakt mit ihr und versuchen Sie zumindest über diese kurze Dauer hinweg, ein aufmerksamer Zuhörer zu sein. Sie wissen nicht automatisch bereits alles, was sie weiß.

- Ihre Sekretärin ist zwar immer auf Abruf bereit, das will aber nicht heißen, dass ihre Finger bereits auf den Buchstaben zu den Worten liegen, die Sie aussprechen möchten, wenn Sie zu ihr kommen. Auch sie hat Gedanken, die sie zu Ende denken möchte oder muss und anderweitige Vorgänge auf dem PC, die zwischengespeichert werden müssen, bevor sie die Maske für Sie wechseln kann. Kommen Sie daher bitte nicht gerade wie ein Ein-Mann-Sondereinsatzkommando in ihr Büro und feuern völlig übergangsfrei Worte oder ganze Briefinhalte auf sie ab, egal ob sie gerade telefoniert oder nicht.

- Die Kernkompetenz Ihrer Sekretärin ist das Zur-Verfügung-Stehen, auch über die üblichen Arbeitszeiten hinaus. Sie würde sich dennoch freuen, wenn Sie sie – sei es auch nur pro forma – fragen, ob es okay ist, wenn Sie wieder einmal die Mittagspause durchdiktieren oder davon ausgehen, dass sie am selben Abend nichts anderes vorhat, als auf den Kinofilm oder einen vollen Kühlschrank zu verzichten.

- Bewahren Sie Haltung, auch im Diktat, schließlich muss auch Ihre Sekretärin einigermaßen aufrecht vor der Tastatur sitzen, um die Buchstaben zu treffen. Beine auf dem Tisch geben Anlass zur Vermutung eines Venenleidens. Auch Maniküre oder das Spielen mit

Ohren- und Nasenlöchern während des Diktats sind gelinde gesagt kontraproduktiv, zumindest auf der anderen Seite des Schreibtisches. Versuchen Sie, sich auf andere Weise zu konzentrieren.

- Bewahren Sie Abstand, statt auf der Suche nach dem Satzanfang in den PC Ihrer Sekretärin zu kriechen. 45 Zentimeter – so nah maximal dürfen uns neutrale Menschen kommen, damit wir uns gerade noch nicht belästigt fühlen. Nun würden Sie sich ihr gegenüber nicht als »neutral«, sondern als »Chef« einstufen, aber ihr bester Kumpel sind Sie eben auch nicht. In dem Moment, wo sie sagen kann, was Sie zuletzt in welcher Reihenfolge gegessen und getrunken haben, ist es schon zu spät.

- Zupfen Sie Ihre Kleidung bitte auf dem Herrenwaschraum vorm Spiegel oder im eigenen Büro zurecht. Dies gilt besonders für den Hosenbund, den Sie hochziehen möchten.

- Apropos hochziehen: Eine Erkältung überkommt den härtesten Kämpfer. Bitte halten Sie Taschentücher und Handflächen vor Nasen und Mund bereit, wenn Sie die Lockerung verschleimter Atemwege ausgerechnet im Sekretariat betreiben müssen.

Das Motto meiner Mutter – »Ein paar vernünftige Dinge im Leben tun und sich ordentlich benehmen« – hört sich einfacher an, als es ist. Aber es ist auch nicht unmöglich.

Lob – so verpackt, dass Männer gut damit leben können

»Blöd sind Sie nicht.«

Ich denke ja, dass ein Chef, der nicht lobt, vor lauter Unsicherheit nicht lobt, Führungskraft hin oder her. Er weiß wahrscheinlich ganz einfach nicht, wo die Sparsamkeit der Anwendung aufhört und die Bauchpinselei anfängt. Dabei gehört Anerkennung von Leistung zu den Hauptfaktoren dessen, was man »Glück« nennt. Sie ist nicht mit Geld zu bezahlen, Investition gleich null, betriebswirtschaftlich ist es der nachweisbar niedrigste Kostenfaktor für nachhaltige Leistungs- und Umsatzsteigerung. Aber kein Chef schreit »Hier, ich bin dabei!« Man muss die Befürchtung hegen, dass einige von ihnen die Messlatte in Sachen positiver Leistungsbeurteilung gern hoch legen, weil sie glauben, dieses würde Aufschluss über die eigene Leistungskompetenz geben. Das Gegenteil ist der Fall, denn die wirklich guten Leute loben öfter. Andere haben niemanden mehr über sich, der sie selbst lobt, und können es daher auch nicht weitergeben. Wieder andere glauben, ein herzhafter Anschiss sei allemal wirksamer, als zur Abwechslung einmal etwas richtig gut zu finden. Und mein ansonsten doch ganz normaler Chef sagt zu mir: »Ach, Frau Münk, Christus heilte an einem Nachmittag zehn Aussätzige, und es hat sich nur einer von denen bedankt.« An guten Tagen hört man von ihm: »Meine Sekretärin braucht kein Lob, um zu wissen, dass sie gut arbeitet.« Da wagt er sich schon sehr nach vorne, zwar indirekt, aber immerhin unter Verwendung eines einwandfrei als positiv zu interpretierenden Adjektivs. Mehr ist nicht drin, solange an meiner Halsschlagader das imaginäre grüne Lämpchen leuchtet, das anzeigt, dass ich störungsfrei arbeite.

Vielleicht sollte ich meinem Chef einmal Folgendes vorrechnen: Wenn die Leistung eines Mitarbeiters nie beurteilt wird, liegt die Wahrscheinlichkeit, dass er kündigt – zumindest innerlich, was schlimmer ist – bei 40 Prozent. Hat er das Gefühl, man konzentriert sich auf seine Schwächen, halbiert sich dieser Wert beinahe. In dem Moment, wo sich die Führungskraft auf die Stärken des Mitarbeiters konzentriert, sinkt dessen Kündigungswahrscheinlichkeit auf ein Prozent. Aber gerade in Deutschland pflegt man immer noch gern die Kultur des Nörgelns, Kritisierens und Bearbeitens von Schwächen, darin sind wir toll, nicht nur im Büro.

Das unauffällige Lob – kurze Übungsanleitung

Nun will ich gar nicht sagen, dass ich Lob wie die Luft zum Atmen brauche, aber ich bin mit Lob einfach besser als ohne – allerdings unter folgenden Voraussetzungen:

a) Ich muss meinen Chef wertschätzen, damit ich mich über sein Lob freuen kann (Kompetenz).

b) Es muss ehrlich gemeint sein, ein geflötetes und floskelhaftes »Ach, Sie sind die Beste«, und das ein Mal täglich, verliert schnell an Wirkung. Das sagt man morgens auch seiner Zeitungsfrau, wenn die genau passend vor der Tür steht (Häufigkeit).

c) Es muss mich persönlich betreffen, denn es ist zu einfach, ein unverfängliches »Gut gemacht, Leute« in den Raum zu donnern, ohne in ein einziges Gesicht zu gucken (Ansprache).

Ich bin wirklich schwierig, denn genauso wenig lasse ich sprachliche Verdrehungen gelten, hinter denen mein Chef lobähnliche Eingebungen zu äußern versucht, statt einfach zu sagen, was er meint (Klartext):

a) die Verneinung
- *»Blöd sind Sie nicht.«*
- *»Hätte nicht gedacht, dass Sie das so schnell hinkriegen«* oder *»Hätte gedacht, dass Sie das nicht so schnell hinkriegen.«*
- *»Ich habe wirklich nichts am Text auszusetzen.«*
- *»Sehr gut, da muss ich ja gar nicht lange suchen.«*

b) die neutrale Formel
- *»Ja, durchaus.«*
- *»Geht doch.«*
- *»Da kann man nichts sagen.«*

c) die großzügige Benutzung der ersten Person Plural
- *»Na, das haben wir ja gut hingekriegt.«*
- *»Wir sind schon zwei, was!«*

d) die Ja-aber-Methode
- *»Sie haben das gut gemacht. Aber das nächste Mal sollte man noch Fußnoten einbauen.«*
- *»Das Hotel haben Sie super ausgesucht, aber das war hier ja auch nicht schwer.«*

Die daraus resultierende Übung ist jetzt einfach: Chefs haben einfach das, was sie sagen wollen, ins Positive zu übersetzen, das heißt per Nicht-Benutzung der Worte »nicht«, »kein«, »nirgendwo«, »aber« – und das möglichst unter Einbeziehung der zweiten Person Singular (direkte Ansprache).

Beispiel zum Üben:

»*Daran habe ich wirklich nichts auszusetzen.*«

Das könnte ergeben:

a) »*Sie, ich habe daran ganz wenig auszusetzen.*«
b) »*Ich finde das gut, Frau Münk.*«
c) »*Sie haben das wirklich fehlerfrei und gut hingekriegt, Frau Münk.*«

richtiges Lob: c)

Mit ein wenig Übung lässt sich ein derartiger Sprachgebrauch ohne Zeitaufwand antrainieren. Die Anzahl der gesprochenen Worte bleibt ja mehr oder weniger identisch. Vielleicht kann die jeweilige Sekretärin ihrem Chef in seiner Sprachhemmung auch etwas entgegenkommen. Sie könnte ihm wie folgt auf die Sprünge helfen:

»*Na, wie habe ich das gemacht?*«
»*Sind Sie jetzt zufrieden?*«
»*Freuen Sie sich wenigstens ein ganz kleines bisschen?*«

Und wenn der Chef trotzdem am Lob scheitert, dann kann er immer noch Zeichen der Anerkennung ohne Worte setzen. Es gibt Geburtstage und Weihnachtsfeste.★ Es gibt Gehaltsauszahlungen. Es gibt Verantwortungsbereiche. Und er könnte dafür sorgen, dass seine Sekretärin ein eigenes Kästchen im Organigramm kriegt. Er hat dann seines für sich allein. Und er wird sagen: »Kann ja nicht schaden, wenn da noch so ein Kästchen fürs Sekretariat hinkommt. Gar kein Kästchen ist ja auch nicht schön. Aber nicht zu groß und nicht zu weit herausgerückt.«

★ Was schenkt ein Chef seiner Sekretärin?
Ein Geburtstagsgeschenk ist die Chance, persönlicher Wertschätzung ohne Worte einen unverbindlichen Ausdruck zu geben, also die Gelegenheit schlechthin! Oder, wie wir Frauen sagen würden: »Die ist nett, die ist gut, der schenk ich was!« Und es ist umgekehrt nicht so, dass wir Sekretärinnen unseren Chefs nichts zum Geburtstag schenken würden: Was fährt in uns, wenn wir glauben, wir müssten für den Chef bei den Kollegen sammeln gehen, in der Mittagspause ein Abteilungsgeschenk besorgen, verpacken lassen und Teelichter aufstellen? Geschenke werfen

ein Licht darauf, welche Reputation man unter seinen Leuten besitzt. Aber was macht ein CEO verkehrt, wenn es bei 20 Kollegen nur für ein Taschenbuch gereicht hat und die Sekretärin unbemerkt aus der Privatkasse des Chefs noch etwas drauflegen muss, weil er sich doch eine teure Personenwaage gewünscht hat? Gut, das ist ein anderes Thema.

Zurück zum Geschenk für die Sekretärin: Bitte nicht gucken, was man noch so zu Hause hat (Windlichter, Porzellan und Silberlöffelchen in Originalverpackung, noch verpacktes Eau de Toilette, Gastgeschenk der letzten Veranstaltung). Bitte nicht einen vollen Teller vom Geburtstagsbrunch mitnehmen, aber selbst nichts schenken. Unsere Chefs müssen uns nicht gleich eine selbstgemixte Musik-CD mit ihren Lieblingstiteln brennen oder einen Karaoke-Abend schenken. Wir freuen uns über Dinge, bei denen lediglich klar ersichtlich ist, dass sie nur für uns angeschafft wurden: Gutscheine für unser Lieblingsrestaurant oder unseren Lieblingsladen, Theaterkarten, gute Zeitschriften-Abonnements, gute Bücher (weil er weiß, was wir lesen), unsere Lieblingsbonbons, frische Blumen kommen immer gut. Und die Weinkisten vom Geschäftsfreund müssen ja auch nicht immer bis zur letzten Flasche mit nach Hause geschleppt werden. Auch da helfen wir gern.

5. »Ich weiß nicht, was Sie wollen« – Sehnsucht nach Führung

Es mag ungewöhnlich sein, dass hier ausgerechnet eine Sekretärin etwas zum Thema Führung schreibt, wo sie doch selbst in der Regel nicht führen muss/soll/darf/kann, sondern geführt wird. Ich arbeite in der Tat erstens zu und zweitens nie für mich allein. Meine Kunst ist die Gefolgschaft – ein selten gewordenes altes Brauchtum in Zeiten, wo sich jeder gern individuell verwirklichen will. Letzteres dürfte mindestens genauso schwierig sein, ist aber populärer. Ich kann also höchstens den Caterer führen, zum Konferenzraum, wenn er den Imbiss bringt, oder mit Engelszungen unsere Reisebüro-Fee auf dem Weg zum optimalen Flugtarif und Sitzplatz für einen Chef, der jetzt Economy fliegen muss, aber trotzdem drei Tage vorher wissen will, wo er sitzen wird. Viel mehr ist da nicht mit Führung. Gut, da wäre mein Chef, der manchmal eine klare Ansage oder eine kritische Rückfrage von mir braucht, damit er in die richtige Richtung läuft. Das passiert nebenbei, und das kriegt niemand mit. Er merkt es selbst kaum. Eine so genannte »Führungskraft« im landläufigen Sinne bin ich jedenfalls eindeutig nicht.

Trotzdem habe ich zweifelsohne Erfahrungswerte mit dem, was man unter Führung versteht oder eben auch nicht. Denn meine Leistung spiegelt Führung wider, meine Motivation und Leistung in all dem, was meinen Job ausmacht, hängen zu 90 Prozent davon ab, ob ich gut geführt werde. Und ob das der Fall ist oder nicht, merke ich so instinktiv wie die teuer bezahlte, renitente Stute beim letzten Führungskräfte-Training auf der Pferdewiese, die verdächtig sensibel auf die innere Haltung und das Auftreten der ihr präsentierten Zweibeiner reagierte und ihnen hinsichtlich ihrer Führungskompetenz einen Spiegel vorhielt. Es könnte also sein, dass in der Beurteilung, was gute Führung ausmacht, gerade der oder die Geführte einen hieb- und stichfesten Blick auf die

Dinge hat, sozusagen aus der Opferrolle heraus. Ist den Chefs überhaupt bewusst, welche Verantwortung sie sich da mit uns einhandeln? Führung durch Diktat reicht nicht.

Jede Führungskraft würde an dieser Stelle sagen, dass das Vertrackte an der Sache mit der Führung ist, dass man sie als Chef vorleben muss, auch wenn man sie selbst nicht erfährt. Vielleicht sind auf dem Weg nach oben auch schlichtweg die Objekte der Führung verloren gegangen, nämlich die Mitarbeiter. Plötzlich ist da kein überschaubares, operatives Team aus vier, fünf oder zwölf Leuten mehr, das einem Chef untersteht, sondern ein ganzes Unternehmen, verdächtig abstrakt, mit einer geschätzten Mitarbeiterzahl im vierstelligen Bereich. Da wird aus der Menschenführung dann die Unternehmensführung. Letztere kann aber nur klappen, wenn er die Erste sozusagen laufend nebenher praktiziert. Und wo soll er da anfangen, wenn es in der unmittelbaren Umgebung doch immer weniger Mitarbeiter gibt? Und die paar, die im ausgewählten Kreis anzutreffen sind, sind taktvoll, diplomatisch, verdächtig biegsam – und verschwiegen.

Feedback und Ehrlichkeit sind Mangelware auf den Führungsetagen und auch darunter. Warum hält sich so ein Chef nicht einfach an die Frau im Vorzimmer? Die ist in jedem Fall bereits qua Funktion nah an ihm dran. Und ob Mann oder Frau, ob »High Potential« oder »nur Sekretärin«, schlechte oder gute Führung ist wie ein Medikament: Es reagieren alle gleich darauf. Man muss es nur sehen.

Als gäbe es kein Morgen – Bekenntnisse einer Geführten

Einer meiner früheren Chefs war außerordentlich nett und fröhlich. Ich habe ihn verlassen. Ja, am Ende unserer Zeit hätte ich ihm jedes Marmeladenglas, das er mir wieder aus seinem Urlaub mitbrachte, an den Kopf schlagen können. Das hätte ich vorher nie gedacht. Ich liebe Marmelade. Aber er hat so gut wie alles falsch gemacht, was man in Sachen Führung anstellen kann, und manchmal kam ich mir vor wie eine Probandin in einer anonym gesteuerten, gigantischen Versuchsreihe »Nebenwirkungen falscher Führung«.

Er sprach viel mit mir, sehr viel, über Heuschnupfenmittel, Hamsterräder (die echten) und Hirschhornknöpfe an Oberhemden. Er spendierte trotz Klimaanlage »Eis für alle vom Chef«, wenn die Außentemperatur über 25 Grad Celsius ging. Es gab Kuchen von ihm, bevor er in den Urlaub ging. Unser Fahrer war in den ortsansässigen Eisdielen und Bäckereien für seine Großaufträge bekannt. Mein Chef hatte sich hausintern aus den operativen Abteilungen heraus hochgearbeitet. Er war dankbar für die Beförderung, hatte aber insgeheim ein schlechtes Gewissen, plötzlich als einer von vielen so viel Macht zu haben. Also tat er in Momenten, in denen er nichts zu verlieren hatte, in kumpeliger Manier so, als hätte sich nichts geändert. Er duzte fast jeden, und manchmal befürchtete ich, er würde am nächsten Tag mit einem dicken, flauschigen »Du, Katharina« durch die Tür kommen. Angeblich duzen ein Viertel aller Sekretärinnen ihre Chefs. Ich finde das beachtlich. Für mich bedeutet ein »Sie« die Möglichkeit einer höflichen Distanz – und zwar in durchaus schützender Weise. Auch in diesem Fall wollte ich mir nicht suggerieren lassen, dass ich mit ihm kumpelhaft in einem Boot sitze und ohne Weiteres mit ihm die Nacht durcharbeiten würde, wo er doch viel mehr Geld als ich dafür bekommt. Nein, ein »Du« gerade von diesem Chef hätte mir nicht gefallen. Ich wollte ihn mir vom Leibe halten, mochte ihn nicht. Denn irgendetwas stimmte nicht mit ihm. Man kam nicht gleich darauf, aber da war etwas Unbestimmtes, unangenehm Unverbindliches an ihm und eine seltsame Unruhe. Er war irgendwie leer. Und später dann stellte ich erschüttert fest, dass ich einfach nie auch nur eine Ahnung davon bekam, was er wann, wie und warum eigentlich mit mir, mit den Mitarbeitern, mit der ganzen Firma vorhatte. Und ich musste befürchten, dass er das selbst nicht wusste. Kurz darauf verloren meine Kollegen und ich vor lauter Fröhlichkeit und Herumgeschwimme im Freiraum langsam die Disziplin und uns selbst. Wir arbeiteten vor uns hin, denn im Zweifel konnte immer alles noch bis zum nächsten Tag warten. Und trotzdem kam es uns so vor, als gäbe es kein Morgen. Wir stocherten im Nebel. Aber es gab Kuchen. Also arbeiteten wir weiter.

Information und Zielführung

Ich kann nicht sagen, dass er mich nicht informiert hätte oder dass er Dinge, die er erfuhr, nicht mit anderen teilen wollte. Da hatte ich schon andere erlebt, große Schweiger und sture Geheimnisträger. Aber gab es noch Schlimmeres als keine Information, als völlig autoritäre Führung? War das andere Extrem, nämlich zu viel Information und zu viel Demokratie in dem, was man unter Führung versteht, genauso falsch? Ja, das war es. Es fiel mir zuerst gar nicht auf: Ich bekam von ihm jede Mail weitergeleitet, in der es auch nur ansatzweise um Termine ging. Die musste ich mir dann zwar erst aus zwei Seiten Reply-keep-Message-Schriftverkehr herausarbeiten, aber es ging. Wenn er kurzerhand, aber mühevoll selbst Termine mit zwölf Leuten abgestimmt hatte, bekam ich auch da eine »Kalender-Eintragsmail«. Manchmal gewann man den Eindruck, er würde für mich und nicht ich für ihn arbeiten. Er erklärte mir stets mit einem komfortablen Vorlauf, was er wann zu tun gedenke. Er hätte es auch gleich einfach tun können, aber so hatte man eben auch mal darüber gesprochen. Natürlich sollte man sich als Sekretärin über jede Form von Ansprache und Dialog freuen. Aber egal wie und um jeden Preis? Ich musste mit ihm alles sofort anfangen, zumindest die kleinen, harmlosen Dinge. Ich konnte keine Prioritäten setzen, weil er keine Prioritäten setzen konnte. Er wollte aktiv sein, nur der Aktivität willen. Also schrieb ich für ihn, schrieb neu, buchte, cancelte, buchte neu, cancelte erneut, holte Briefe wieder aus dem Postausgang, lief unruhig über die Gänge wie er selbst, alles mehrmals am Tag – und ich war damit ein unmittelbarer Gradmesser für das Chaos im Kopf meines Chefs. Entsprechende Mails an Kollegen und Externe, die von seiner chaotischen Terminplanung betroffen waren, betitelte ich im Betreff mit »Und schon wieder anders« – es war ein erster Hilfeschrei, den niemand hörte.

Hier war der Punkt erreicht, an dem ich langsam nachdenklich wurde. Und dann gab es immer mehr Tage, da versuchte er, mir etwas zu vermitteln, aber ich konnte keine klare Botschaft darin erkennen, und die Erleuchtung blieb aus. Ich suchte lange den Grund in mir selbst, in meinem Unvermögen, komplexe Vorgänge mit dem Verstand unter dem blonden Schopf in Einklang zu bringen. Bis andere Mitarbeiter auf mich zukamen, die dasselbe Problem mit ihm hatten. Und wir ahnten: Wer nicht klar sprechen kann, kann auch nicht klar denken. Es wäre für uns sogar leichter gewesen, wenn er uns ganz und gar unfreundlich Stichworte entgegengebrüllt hätte, denn dann funktioniert Führung zumindest kurzfristig, und wir sehnten uns danach, die Hacken auch mal zusammenzuschlagen. Wir warteten auf ein Wort, nur auf ein einziges klares Wort, das wie ein Startschuss kommt. Alles besser als dieser völlige Mangel an Profil, diese unverfängliche Beliebigkeit und die Befürchtung, dass er die Informationen, die er uns zu vermitteln suchte, selbst nicht hatte. Wir firmierten schließlich zu einer GmbF um – Gesellschaft mit beschränkter Führung. Und wir würden den Weg aus dem Dickicht nicht mehr finden. Vielleicht waren wir da auch schon im völlig falschen Dschungel. Ich habe es nie erfahren.

Delegieren

Ihm lagen die kleinen operativen Vorgänge einfach mehr als das große Ganze, für das er bezahlt wurde. Er war der einzige Chef, der sich über jede Reisekostenabrechnung mit so viel Interesse beugte wie ein Naturforscher, der ein seltenes Insekt betrachtet. Vorher ließ er es sich nicht nehmen, mir jedes Häufchen Belege einzeln und höchstpersönlich vorbeizubringen, statt es einfach in sein Ausgangskörbchen zu feuern:

»Frau Münk, sollen wir meine Reisekosten kurz besprechen?«
»Aber das sind doch nur Belege. Die rechnet man ab. Die bespricht man nicht. Ich schaffe das schon allein.«
»Wir müssen aber noch ein paar Eigenbelege schreiben. Und der Taxifahrer in Hanoi hat mir die Summe auf diesen Papierfetzen, der da obenauf liegt, geschrieben.«
»Das sehe ich.«
»Sie haben keine Fragen?«
»Die kann ich erst stellen, wenn ich die Abrechnung so gut wie fertig habe.
»Ja, wenn das so ist, dann gehe ich mal wieder. Die Abrechnung für Tokio bringe ich Ihnen dann morgen vorbei.«

Ich finde, es gibt ein Basis-Instrumentarium des souveränen Delegierens, es spart Zeit und Lauferei: das Ausgangskörbchen. Wer hat so was noch? Man muss es schätzen und großzügig benutzen, denn es ist genial – reinknallen, machen lassen, weg vom Schreibtisch, raus aus dem Kopf, fertig! Man muss loslassen können. Wenn Delegieren noch nicht einmal am Ausgangskörbchen funktioniert, wo dann? Ich wünschte, ich hätte auch eines. Das meines Chefs war stets leer – weil er es nie füllte. Sein Schreibtisch dagegen bog sich vor ganz alten, alten, neuen und ganz neuen eiligen Vorgängen – eine verwahrloste Spielwiese mit Schubladen. Er musste gleichmäßig schwere Gegenstände darauf verteilen, denn jeder Windstoß hätte einen Papier-Tsunami verursacht. Vor seinem Maileingang habe ich irgendwann kapituliert. Zuletzt zählte das System dort 1.800 Mails im Eingang. Es wurden immer mehr, denn er war so gut wie nie am Platz, sondern auf aktionistischen Streifzügen durch die Firma. Er war für alles und jeden dauernd präsent und erreichbar, weil er überall und bei jedem vorbeikam, was wiederum neue Mails an ihn generierte. Er konnte auch unangemeldet zwei Stunden zu Tisch gehen, ohne vermisst zu werden. Für eine simple Terminbestätigung an die Holding ließ er alles liegen und stehen und rannte kurzerhand zwei Treppen höher. Und hier vollzog sich seine Art des Delegierens: Er delegierte nicht Aufgaben, sondern die Führung selbst – alles, was auch nur ansatzweise etwas mit Strategie und finanziellem Commitment ab vierstelliger Summe zu tun hatte, wurde zur Kenntnis und Vorabprüfung erst einmal dorthin weitergereicht. So war er stets viel auf den Treppen unterwegs, in höchster Betriebsamkeit, egal in welche Richtung. Irgendwann schaute ihm eine Kollegin kopfschüttelnd nach und dachte laut, ob jemand, der nach allen Seiten offen ist, noch ganz dicht sein kann.

Sein unberührter Schreibtisch sah irgendwann aus wie eine künstlerische Installation mit dem Titel »Information frisst Mensch«. Dabei gibt es nichts Unsouveräneres als volle Schreibtische. Chefs riskieren damit den Eindruck, sich vorwiegend mit Problemen und nicht mit Lösungen zu beschäftigen. Und genau das tat er: Reiseberichte, die in die Holding gingen, wurden zeitaufwendig von ihm selbst geschrieben: »Ich will da den Blick fürs Wesentliche reinbringen, Frau Münk.« Die mitreisenden Kollegen, die ihm unterstellt waren, bekamen seinen Bericht »zur freundlichen Kenntnisnahme mit der Bitte um Änderungen und/oder Zusätze« pseudo-delegiert, eine mehr als unspannende Aufgabe. Und irgendwann verlernten sie das Schreiben. Alles, was er zu Papier brachte, wurde vor finaler Weiterleitung an die Adressaten von Dritten gesichtet und optimiert, keine Besprechung ohne einzuberufende Vor-Besprechung. Das alles dauerte endlos lang. Als Bergsteiger hätte mein Chef vor lauter Sicherheitshaken nicht mehr aufrecht gehen können. Aber immerhin stand am Ende immer noch sein Name unter dem Bericht, in dem sich verdächtig viele ersten Personen Singular tummelten.

Und bei all dem musste ich ihn unterstützen, hilflos und ohnmächtig, denn ich war Teil des Prinzips. Aus einer mittleren Distanz hätte ich es noch ertragen, aber ich war zu nah an ihm dran. Es verschaffte mir nur kurzzeitig Erleichterung, wenn ich Briefe, die er mir oft in einer merkwürdigen sprachlichen Verwirrung diktierte, herausschickte wie ein Notfall-SOS – also ohne sie nachträglich zu korrigieren und zu glätten, um damit für hochgezogene Augenbrauen beim verstörten Adressaten zu sorgen. Irgendwann fühlte ich mich ihm nur noch rein organisatorisch zugehörig, weil mir alles andere peinlich war. Für Frauen ist nichts weniger sexy als ein Mann an der Seite, der sich seiner Sache nicht sicher ist und trotzdem alles selbst machen will.

Motivation

Die große Kunst der Motivation besteht wohl darin, Aufgaben zu delegieren, die uns weder unter- noch zu sehr überfordern und an denen wir unsere Talente abarbeiten können. Mit meinem Chef gab es nur zwei Szenarien: Entweder hatte ich über Tage einen leeren Schreibtisch und kam mir vor wie ein Möbelstück fürs Sägewerk, oder ich war völlig überfordert, weil er mir plötzlich Aufgaben zuteilwerden ließ, die er selbst nicht lösen konnte (»Frau Münk, machen Sie mir doch mal so eine Checkliste für jeden Tag, damit ich das Risk Management im Währungs- und Devisengeschäft im Griff habe.«). Letztere hätte ich vielleicht trotzdem versucht anzugehen, mich der Überforderung gestellt. Aber so etwas fällt schwer, wenn der Chef nichts von dem vorlebt, was er verlangt. Sein Risk Management bestand im Balancieren einer vollen Kaffeetasse auf dem Weg vom Automaten in sein Büro. Er hatte nie auch nur die leiseste Ahnung, was ich auf meinem Schreibtisch hatte oder eben auch nicht. Ich habe ihm meine Talente so lange angeboten, weil er sie von alleine nicht sah oder nicht sehen wollte, und er ist nicht darauf eingegangen. So sind zwei Bücher von Katharina Münk entstanden, als Notfallmaßnahme zur Selbstmotivation.

Mitarbeiterentwicklung

Es war fast paradox zu sehen, dass wir Mitarbeiter durch andauernd auf uns abgefeuerte, kumpelhafte Freundlichkeit und theoretisches Verständnis genauso verkümmerten, wie wir es mit einem despotischen und unausstehlichen Chef getan hätten. Denn seine Freundlichkeit hatte einen konkreten Grund: Mitarbeiter halten – nicht der Mitarbeiter willen, sondern um Veränderungen weitestgehend zu vermeiden. Solange das System nach seinem Gusto funktionierte und ihm damit seine eigene Position sicherte, hatten wir keine Aussicht auf neue berufliche Chancen. Nein, er brachte unsere Sterne nicht zum Leuchten. Er hätte sonst riskiert, dass er irgendwann allein dastand. Er wusste, dass ich mit ihm hoffnungslos unterfordert und todunglücklich war, aber es war naiv von mir anzunehmen, dass er mich selbstlos für eine andere Position außerhalb seines Bereichs empfehlen würde, denn für ihn wäre das ein Armutszeugnis gewesen: »Seht her, die ist gut. Zu gut für mich.« Da guckte er lieber in mein verblüfftes Gesicht. Wenn ich mutig wurde und handfeste Kritik äußerte, für die weniger verständnisvolle Chefs mir eine Abmahnung geschickt hätten, dann bedankte er sich lächelnd für meine »erfrischende und konstruktive Ehrlichkeit«. Dabei hatte ich mir gewünscht, dass mir einmal ordentlich die Meinung sagt. Ich perlte an ihm ab wie ein Tröpfchen Öl an einer Teflonpfanne. Ich bekam keine Aufmerksamkeit, noch nicht einmal negative. Er war auch zu sehr mit anderen Problemen beschäftigt (Taxibelege suchen), als dass er so abstrakten Themen wie dem Personal eine Priorität eingeräumt hätte. Er hinderte mich daran, mich zu entwickeln, hatte keine Ahnung von meinem beruflichen Werdegang, kannte nicht meine Qualifikationen und Zeugnisse, jedenfalls hatten diese Informationen nicht den Weg in sein Langzeitgedächtnis gefunden. Nein, für ihn gehörte ich zu ihm wie ein implantiertes Körperteil, das sich von allein speist und reflexgesteuert funktioniert. Und irgendwann entwickelte ich diese trotzige Haltung, die mein Kollege in der Buchhaltung für sich so schön und paradox auf den Punkt brachte: »Es kommt nichts von oben, dann kann auch nichts von unten kommen.« Ich habe ihn irgendwann auf eigenen Wunsch zu einer Vortragsreihe »Ansichtssache – Führung aus der richtigen Perspektive« angemeldet – mit Altbundeskanzlern, Sportpsychologen, einem fünfmaligen Weltschiedsrichter des Jahres und einem Theologen, von 10.00 Uhr bis 16.30 Uhr, für 890 Euro. Das hat aber auch nichts geholfen.

Er war vorher schon Jahrzehnte für die Firma tätig gewesen, aber Erfahrung ist nicht alles, und ohne Begabung ist sie impotent. Ich dachte, das müssten andere Leute weiter oben doch auch wissen. Doch die informierte er stets treu wie ein Zinnsoldat, und er gab auch nie Anlass zur Befürchtung, er könne besser sein als sie selbst. Die direkten Hierarchieebenen unter ihm wurden ihrerseits überall mit einbezogen, gewannen an Einfluss und wussten ihren Besitzstand und ihre persönlichen Narrenfreiheiten unter diesem Chef bald zu schätzen. Eine verzwickte Lage. Der wenig hilfreiche Trost, der mir blieb, war die Tatsache, dass mein Chef selbst schlecht geführt zu werden schien. Er brauchte dringend Hilfe. Das eigentlich Ärgerliche war eben nicht, dass er so war, wie er war, sondern dass er da blieb, wo er war.

Respekt und Vertrauen

Wo gibt es noch richtige Persönlichkeiten, im tiefen Sinne des Wortes gereifte und mit Charakterstärke und eigenen Zügen ausgeprägte Menschen? Menschen mit einem kleinen Rest-Mysterium, bei denen uns eine Ahnung beschleicht, dass sie uns etwas voraus haben könnten. Die uns irgendwie festhalten, wenn wir uns ihnen nähern. Die mehr denken als reden und schreiben, die auf Distanz gehen, und man weiß nicht, ob sie es aus Respekt zu uns tun oder weil sie unseren Respekt erwarten. Bestenfalls ist beides der Fall. Es muss nicht alles gläsern und strahlend hell sein, damit wir Vertrauen schöpfen. Wir brauchen keine Helden, und Kumpel haben wir schon genug. Nein, wir möchten ganz einfach, dass uns dieses Gefühl überkommt, wie ein Urinstinkt aus früheren Zeiten: Vertrauen – das uns Sätze sagen lässt wie: »Es wird irgendwie richtig sein« oder »Der wird schon wissen, was er tut.«

Wenn ein Chef das kostbare Commitment, das in solchen Worten steckt, gar nicht erst aufkommen lässt oder schnöde verspielt, können sich positive Erwartungen blitzschnell ins Gegenteil verkehren, und er reißt sich den Teppich unter den Füßen weg. Zuerst wird seine Sekretärin skeptisch, bald darauf bockig oder vielleicht auch eine verdächtige Spur zu lässig. Und wenn er ihr dann selbst gemachte Marmelade aus dem Urlaub mitbringt, dann interpretiert sie das nicht als motivierendes Geschenk, sondern als ein in Geliermittel verpacktes Ablenkungsmanöver von den eigenen Schwächen. Ganz schön traurig.

6. Was sie nicht mag
– die Don't-do-Liste für den Chef

Gedankenlesen und Vierteilen

Gute Sekretärinnen bewegen die Welt ein bisschen für ihre Chefs, und diese werden nicht den Aufwand dafür sehen, nicht die Tücken und Hindernisse, die wir zu überwinden hatten, sondern nur das Resultat. Chefs sollten dieses Service-Privileg zu schätzen wissen und sich nicht allzu selbstverständlich daran gewöhnen, dass alles machbar zu sein scheint, denn sonst ist irgendwann eine Grenze erreicht, und die bemerken sie erst, wenn die eigene Sekretärin das Weite gesucht hat. Das könnte der Fall sein, wenn fälschlicherweise angenommen wird, man hätte Catweazles direkte Nachfahrin oder die uneheliche Tochter von David Copperfield im Vorzimmer. Hier einige Hinweise, die Aufschluss darüber geben, wie irdisch wir Sekretärinnen sind:

Die Desillusions-Liste

- **Gedankenlesen:** Wir mögen die Kreditkartennummer unseres Chefs inklusive Fälligkeit und Prüfzahl, seine Bankverbindung und sämtliche PINs und PUKs auswendig können, aber für einen Friseurtermin bei »Uschi« wäre der Name des Salons hilfreich, zumindest wenn er Uschi kennt, dies aber nicht für seine neue Sekretärin gilt. Wir sind keine Automaten, wir haben ein Gesicht und kein Display, das den Füllstand des heimischen Heizöltanks digital anzeigt. Sonst würden wir Gebühren nehmen.

- **24-Stunden-Präsenz:** Wenn wir im Urlaub sind, checken wir unseren Chef in den meisten Fällen nicht online für seinen Flug nach

Lissabon ein. Wenn wir nicht im Urlaub sind, sind wir im Büro oder haben Feierabend, leben dabei unter Umständen auf einem anderen Kontinent oder in einer anderen Zeitzone als der reisende Chef, schlafen an einem anderen Ort in einem anderen Bett, und auf dem Nachttisch steht kein Telefon.

- **»Miles and More«-Lizenz:** Der Name »Warteliste« hat seinen Ursprung im selten benutzten, aber durchaus existierenden Wort »Warten«. Wir haben auch keinen Einfluss darauf, wer im Flieger neben unserem Chef sitzt, oder ob er seine Meilen selbst dann bekommt, wenn die Fluggesellschaft seinen Flug canceln musste. Natürlich, der Himmel ist nach oben offen, aber unsere Funktion als im Bodenpersonal tätige Reisefee hat ihre Grenzen. Für uns ist eine Reise zunächst einmal nichts anderes als die vorübergehende Bewegung menschlicher Masse, die es vorzubereiten und abzurechnen gilt. Hotelzimmerschlüssel müssen leider vom Chef selbst abgegeben werden. Mitgebrachte brasilianische Real und japanische Yen im Gegenwert von maximal einem Schokoriegel machen uns einfach nur traurig. An jedem Flughafen gibt es eine Plexiglas-Spendenbox für finanzstarke Globetrotter mit überschüssigem Münzbestand – sie lädt dazu ein, sich zu erleichtern, Gutes zu tun, für die Welt und die Sekretärin darin.

- **Entzifferungsdiplom:** Fast jede von uns könnte erfolgreich eine Umschulung zur Graphologin machen. Aber aus durchgehenden waagerechten Strichen mit kleinen Kringeln vorne oder schwungvollen Zacken, die einem EKG gleichen, können wir keine sinngebenden Wörter zaubern. Man sollte nicht so schreiben, wie man unterschreibt. Dasselbe gilt bei schriftlichen Skizzen für eine anzufertigende Präsentation, die aussehen wie die magischen Symbole eines späten Joan Mirós.

- **Leben für PowerPoint:** PowerPoint ist ein Grafik-Programm, in dem man Sachverhalte grafisch darstellt. Es ist kein Textprogramm. Ein Chef sollte sich vorher überlegen, ob er eine Präsentation zeigen oder nicht doch lieber eine Rede halten will. Grafisch aufgehübschter Fließtext ist selbst uns Sekretärinnen peinlich:

»Kann man diesen Absatz mit einem roten Bullet einrücken und dann etwas größer und fett machen? Vielleicht kann der Text auf Klick so hereinhuschen und dann ganz schnell wieder verschwinden?«

- **Vierteilung:** Chefs sind wichtig. Da sie aber gegebenenfalls nicht unbedingt »ganz oben« arbeiten und somit nicht der allerwichtigste Chef sind, teilen sie sich das Attribut »wichtig« unter Umständen mit zwei bis drei anderen wichtigen Chefs. Eine Teamassistentin, die für alle diese Chefs arbeitet, muss sich nun aus nachvollziehbaren Gründen drei- bis vierteilen: Sie kann zur selben Zeit für Chef 1 telefonieren, für Chef 2 ein Zugticket auf bahn.de buchen und ausdrucken sowie ebenfalls für Chef 2 die von fern gerufene Order »Zwei stille Wasser, bitte« zur Erfüllung vormerken, um dann parallel Chef 3 per Mimik und kurzem Handzeichen in Konferenzraum 5 zu schicken. Wenn man nun aber Chef 4 ist oder Chef 3, der noch eine Dreizeiler-Mail verschickt haben möchte, bevor er in Konferenzraum 5 geht, so fehlen für diese Belange ganz einfach Körperteile. Dafür sollte man Verständnis haben.

- **Gelddruck:** Chefs sollten ihre Sekretärin nie um Geld anpumpen oder von ihr den Umschlag füllen lassen, wenn für die Hochzeit des Kollegen gesammelt wird und sie wieder einmal generös unterschreiben und ebenso generös den Umschlag mit dem Geld übersehen oder ihn in der Unterschriftsmappe hinten ins letzte Fach legen. Geld gibt es auch in größeren oder kleinen Scheinen, die man sogar selbst aus dafür vorgesehenen Automaten ziehen kann, statt es als Vorschuss aus der Buchhaltung holen oder kommen zu lassen. Es ist zudem so ziemlich das Einzige, was Sekretärinnen nicht ausdrucken können.

Ausdrucken von Mails und animierten Präsentationen

Ich kann die Nöte der Papierbranche nicht verstehen. Auch oder gerade im Zeitalter der digitalen Informationsflut drucken wir noch kräftig aus in unserem Büro. Je mehr wir bekommen, desto mehr drucken wir aus. Es ist ein heimeliges Gefühl von Nostalgie und Sicherheit, das uns überkommt, wenn wir etwas Gegenständliches wie Papier in den Händen halten – zum Vorzeigen, zum Durchstreichen und Anstreichen, zum Mit-dem-Zeigefinger-darauf-Klopfen, zum Kopieren, zum Verschicken, zum In-die-Tonne-Feuern. Schon die Aufforderung »Drucken Sie mir das mal aus« hat etwas Exekutives, man setzt zumindest Drucker und Sekretärin in Bewegung. Und das verschafft per se schon einmal ein gutes Gefühl. »Unser Bekenntnis zur Nachhaltigkeit«, das tief in den Schubladen liegt, bekommt damit eine ganz andere Bedeutung. Papier muss für viele Zwecke herhalten. Es gibt unserem Arbeitsalltag den Anschein von wirklicher Beschäftigung mit den Dingen. Da wird nichts aufgerufen, scrollenderweise überflogen und weggeklickt. Da wird ausgedruckt, und wir Sekretärinnen gehen immer noch oft fälschlicherweise davon aus, dass Texte, die wir ausdrucken sollen, auch gelesen werden. Die echten Papierliebhaber lassen sich EDV-Listen und Marktberichte so dick wie Telefonbücher ausdrucken, um kurz einen Blick darauf zu werfen oder auch nicht.

Die hohe Kunst der Papiervermeidung

Ein Schreibtisch ist keine Altpapier-Ladefläche mit Schubladen. Eine Sekretärin sollte den Tisch ihres Chefs auch mal leer räumen dürfen, wenn sie nicht mehr weiß, wo sie ihm die Kaffeetasse hinsetzen soll. Irgendwann gehört eine Information einfach nur noch in den Kopf und das dazugehörige Papier ins Sekretariat. Die hohe Kunst dagegen ist die weitestgehende Papiervermeidung, und jeder Chef wird kräftig nicken, wenn man ihm Folgendes darlegt:

1. **Mails:** Think before you let print. Überdenken Sie mit uns, in welchen Verteilern Sie überhaupt stehen müssen. Lassen Sie nur die Mails ausdrucken, die erkennbar umfangreiche Anhänge haben, die Sie bearbeiten möchten. Ich habe schon erlebt, dass sich Chefs Mails ausdrucken ließen, um ihre Sekretärin mit handschriftlichen Anmerkungen darauf zum Absender zu schicken. Zu Fuß, zwei Etagen herunter.

2. **Animierte PowerPoint-Präsentationen** entfalten ihre ganze Schönheit ausschließlich auf dem Bildschirm. Ein Organigramm, dass sich spiralisierend und fragmentweise auf Mausklick von links außen in das Bild schiebt, ist auf Papier nur schwer genauso darstellbar. Sparen Sie Farbkartuschen, schauen Sie sich das gute Stück am PC an und lassen es sich höchstens auf einem USB-Stick zur Präsentation mitgeben.

3. **Formelle Briefe** sind bei vielen Anlässen immer noch das stilvollste Mittel der schriftlichen Kommunikation. Aber lassen Sie »besonders schöne« Einladungen nicht noch einmal »ausdrücklich und natürlich gerne mit Gattin« per Brief zusagen, wenn Ihre Sekretärin das Antwortfax bereits vor drei Wochen mit allen Angaben weggeschickt hat.

4. Horten Sie **Zeitschriften und Magazine**, bei denen Sie an erster Stelle des Verteilers stehen, nicht auf der Fensterbank, frei nach dem Motto »Was ich nicht weiß, sollen alle anderen auch nicht wissen.« Bei Zeitmangel ermächtigen Sie einfach Ihre Sekretärin zur unaufgeforderten Durchsicht und Weiterleitung. Auf wichtige Dinge darin wird sie Sie doch hinweisen, oder?

5. Haben Sie noch eine dieser seltenen **Visitenkarten-Ablagen**? Eines dieser putzigen Kästchen oder Rädchen, die Ihre Sekretärin mühsam alphabetisch bestücken muss? Sortieren Sie die wichtigen Kontakte (etwa zehn bis zwanzig Prozent) zur elektronischen Erfassung aus und fahren Sie an einem schönen lauen Sommerabend mit dem Kästchen und vielleicht Ihrer Frau an einen einsamen See, halten Sie das gute Stück (das Kästchen) über die Wasseroberfläche und neigen es dann im warmen Licht der Dämmerung um etwa 180 Grad nach unten. Es wird Ihnen guttun.

Die Chefs können sich sicher sein, dass sich in unseren Wiedervorlagen und Hängeregistraturen immer noch genug Papier für sie findet, jeden Tag, zum Fühlen, Beschreiben, Kopierenlassen, Scannenlassen, Verschickenlassen und Zerknüllen.

»Es ist dringend« – der Instant-Typ

Beim Satz »Es ist dringend« höre ich eher mich selbst als meinen Chef. »Es ist dringend« ist meine Nische, Sekretärinnenjargon, da kann auch ich mir etwas Ungeduld erlauben: wenn er wieder einmal ein Telefonat nicht annehmen oder führen will, wenn er die Unterschriftsmappe wieder den ganzen Tag vor sich herumliegen lässt, wenn ein verzweifelter Mitarbeiter mit Kündigung droht und er es wieder nicht merkt. Mit diesem Satz stehe ich dann in seinem Büro, lege eine Maximalsimulation von Bedeutung in meine Mimik und Gestik. Es gibt Chefs, die im Meeting hochschnellen und überstürzt den Raum verlassen, wenn ihre Sekretärin mit diesem Satz in der Tür steht, und alle Kollegen fragen sich: »Wie macht die das?« Die Antwort ist einfach: In diesem Fall gibt es zwischen Chef und Sekretärin die selten anzutreffende hundertprozentige Übereinstimmung der Definition von »dringend«. Ich liebe diesen Satz – wenn ich es bin, die ihn ausspricht. – Ja, in diesem einen Moment setze ich Männer in Gang.

In allen anderen Momenten setzt mein Chef mich in Gang. Er zelebriert seine Ungeduld. Und er ist definitiv nicht wartezimmerfähig. Es gibt Tage, da könnte ich mich am Telefon auch mit »Ambulanz, Münk« statt mit »Büro Herr Soundso, Münk« melden. Da muss nicht erst ein Mann mit Nagel im Kopf vor mir stehen oder ein Kind mit festgeschobenen Legosteinen in den Nasenlöchern. Nein, ich suche Unterlagen, als gehe es um Menschenleben, schaffe »aber sofort« Kollegen ins Büro meines Chefs, als brauche er lebensrettende Organspenden.

Vom bewussten oder unbewussten Einsatz der Ungeduld

Wenn mein Chef meint, etwas sei dringend, dann muss er es nicht wirklich sagen. Er spricht einfach knapper und schneller, und er fühlt sich meistens gut dabei, weil der Sprung von der Dringlichkeit zur Wichtigkeit ja nur ein ganz kleiner ist. In solchen Momenten muss ich allerdings nicht nur bei der zur Verfügung stehenden Zeit Abstriche machen, sondern auch bei der Freundlichkeit. Wie viele Chefs schaffen es, freundlich zu bleiben, wenn sie ungeduldig sind? Nein, wenn Mann will, dass seine Sekretärin wie die Heldin in einem Endzeit-Katastrophenthriller in allerletzter Minute den blauen Kabelstrang durchkneift, bevor die

Bombe hochgeht, dann kommt es auf jedes Wort an, da passen keine Füllwörter wie »bitte« mehr dazwischen. Wer lächelt schon einem Bombenentschärfer über die Schulter?

Der Mangel an Geduld wird auch gern bewusst eingesetzt, wenn man mit den eigenen Schwächen kokettieren will oder wenn einem partout keine einzige andere Schwäche einfallen will. Denn Ungeduld ist in der Arbeits- und insbesondere der Chefwelt eine zur Stärke umgedeutete Schwäche. Und wenn jemand die Frage stellt »Wann verlieren Sie die Geduld?« und der Befragte antwortet »Bei PowerPoint-Präsentationen«, so kann man das spontan zwar verstehen, fragt sich dann aber vielleicht etwas später schon, ob da nicht jemand von größeren Geduldsverlusten ablenken will. Ich habe Chefs erlebt, die mit auf den Tisch klopfenden Fingern auf ihr Kaltgetränk warteten und somit dieser einen ungestillten Sehnsucht auf äußerst unsouveräne Weise nachgaben. Wie sie mit all ihren anderen unerfüllten Wünschen und Sehnsüchten klarkommen mochten, wollte ich mir erst gar nicht vorstellen.

Blutdrucksenkende Mittel

Ungeduld an sich ist nichts Schlimmes, sofern sie sparsam und nicht gesundheitsgefährdend angewandt wird. Man möchte den Chefs zurufen:

1. Seien Sie in diesen ohnehin schon beschleunigten Zeiten nicht zu oft und zu demonstrativ ungeduldig, denn sonst könnte irgendwann die kleine hässliche Schwester der Ungeduld erscheinen: die Hektik. Wenn sich Ihre Schritte beschleunigen, Ihr Bürostuhl wild in der Gegend herumsteht, weil Sie wieder einmal springend und stürmend den Schreibtisch verlassen haben, wenn Sie Meetings unterbrechen lassen oder überstürzt einberufen, wenn Worte wie »schnell«, »sofort«, »unbedingt« oder »asap« stündlich ausgesprochen werden, dann legt sich die Hektik eines Einzigen irgendwann auf die ganze Abteilung oder die ganze Firma. Erst laufen wir als Ihre Sekretärin, dann wenig später der Rest Ihrer Mitarbeiter über die Gänge – sehr schnell, sehr aufgeregt, als müssten sie um jeden Preis in Bewegung bleiben. Bloß nicht stehen bleiben. Und irgendwann verliert das Wort »schnell« an Bedeutung, weil es in keiner Relation mehr steht. Bleibende Werte schafft man so nicht.

2. Es soll Leute geben, die zwar weniger schnell, aber ganz einfach besser arbeiten und vom altmodischen Wunsch beseelt sind, einwandfreie Ergebnisse abzuliefern. Doch das Streben nach Perfektion, und sei es auch nur beim Brief an den Aufsichtsrat, ist für das schnöde Gehetze, den Drang nach Veränderung ins Hintertreffen geraten. Springen Sie uns also nicht in die Tastatur, wenn wir den Brieftext, den Sie uns gerade »eben mal schnell« um die Ohren geknallt haben, noch mit individuellen Elementarangaben versehen und leicht umformatieren müssen, damit dieser nicht aussieht wie ein anonymes Erpresserschreiben. In der Regel muss der Brief zudem noch kopiert, korrekt verteilt, sauber eingetütet und verschickt werden, damit Ihre Gedanken auch faktisch die Außenwelt erreichen, will heißen: In dem Moment, wo das, was Sie sagen wollen, Ihren Kopf verlässt, ist es nicht immer gleich schon automatisch beim Empfänger. Reden ist so viel einfacher und geht so viel schneller als schreiben.

3. Bleiben Sie souverän, wenn Sie in Ihrer Ungeduld ausgebremst werden und selbst wir da nichts mehr machen können. Beispiel: Sie bekommen die Person, mit der Sie unbedingt, aber mal ganz schnell sofort reden möchten, nicht ans Telefon. Da bekommt das, was Sie unter »sofort« verstehen, plötzlich eine recht relative Bedeutung. Eine Sekretärin, die nicht mit ihrem Chef dienen konnte, als ich sie am Telefon hatte, sagte einmal den ebenso eigenwilligen wie treffenden Satz: »An emergency case on your side does not necessarily create one on our side.« Sie konnte es sich leisten. Wenn man den von Ihnen gewünschten Gesprächspartner aus keinem Meeting holen lassen, auch nicht abends herbestellen kann oder er schlichtweg nicht erreichbar ist, weil er vielleicht gerade im Flieger sitzt und seine Unerreichbarkeit genießt, dann mag das eine echte Bewährungsprobe sein. Aber dann sagen Sie bitte nicht: »Rufen Sie den auf Handy an, vielleicht hat er's ja angelassen im Flieger. Und die verdammte Mailbox müssen Sie erst gar nicht besprechen. Bei mir wird nix besprochen.«

4. Auch wenn Ihre Augen bei Anfällen von Ungeduld durch die Gegend kullern und keinen ruhigen Punkt finden mögen, versuchen Sie über mindestens zwei Sätze hinweg, Blickkontakt mit uns zu halten, wenn wir Ihnen etwas zu vermitteln suchen.

6. Was sie nicht mag – die Don't-do-Liste für den Chef

5. Bedenken Sie, dass es einen Unterschied zwischen dringlich und wichtig geben könnte. Für die wichtigen Dinge benötigt man unter Umständen mehr Zeit als für die dringenden. Das wissen auch wir Sekretärinnen: Wir werden gegebenenfalls zuerst den Zulieferervertrag über 3,5 Millionen zur Abzeichnung an den Vorstandsvorsitzenden checken, eintüten und an den Fahrer geben, bevor wir »sofort« nachfragen, warum »die verdammte Schranke im Parkhaus«, in dem Sie gerade in der Ausfahr-Schlange stehen, »so verdammt langsam ist«.

6. Wenn Sie nächste Woche nach London fliegen wollen, sagen Sie es uns einfach. Warten Sie nicht noch zwei Tage – im Sinne einer langfristig geplanten Spontanbuchung unter Ausnutzung der teureren Tarife, der höheren Klassen und vielversprechenderen Meilen-Awards. Wie viele Ihrer Last-Minute-Entscheidungen waren zwei Tage vorher wirklich noch nicht vorhersehbar? Seien Sie ehrlich, denn wir durchschauen sehr wohl, wer bei uns die »Kurzfristig= wichtig=cool«-Methode fährt.

7. Wenn etwas wirklich dringend ist, dann erklären Sie mit einem Minimalaufwand an Worten den Grund der Dringlichkeit. Wenn wir mit klackernden Absätzen über den Flur rennen, möchten wir gern wissen, warum wir rennen, denn wir könnten auch gehenderweise dasselbe Ziel erreichen. Es sollte nie zu folgendem Dialog kommen:

»Warum rennen Sie denn so?«
»Es ist dringend.«
»Warum?«
»Weil er es sagt.«

Und setzen Sie eine klare Deadline. Es scheint immer noch unterschiedliche Interpretationen des Wortes »dringend« zu geben: Es gibt Sekretärinnen, die eine »dringend« anzufertigende Präsentation gleich auf den kommenden Tag (vormittags) legen. Andere gehen davon aus, dass sie sofort alles liegen und stehen zu lassen haben. Sie würden nie das Haus verlassen, ohne diese »dringende« Aufgabe noch am selben Tag zu erledigen. Im Zweifel machen sie dafür erst um 22.00 Uhr Feierabend, obwohl das Prinzip »Karriere nach 18.00 Uhr« für uns nicht gilt. Solche Sekretärinnen erfahren dann am nächsten Morgen, dass die Präsentation für ein Meeting um 17.00 Uhr gebraucht wird. »Ja, aber Sie hätten doch fragen können, Frau Münk.«

Hier muss man sehr schnell laufen, um am selben Ort zu bleiben.
Zitat aus »Alice im Wunderland«

»Wenn man nicht alles selbst macht« – die Delegierverweigerung

Neulich bekam ich in Kopie eine Mail meines Chefs an unsere Bereichsleiter: »In view of latest developments we should reconsider our traveling schedules and synchronize dates of absences accordingly. Let's discuss.« Mit dem doch recht beliebigen »Let's discuss« meinte er nicht mich, sondern seine Kollegen. Das ist sprachlich zwar etwas inkomplett, hört sich jedoch kurz und knackig an – es ist allerdings das Gegenteil davon. Warum muss man Terminplanung diskutieren? Die macht man. Dafür gibt es Leute. Sekretärinnen zum Beispiel. Die buchen unter anderem Reisen, verwalten Urlaubsanträge und haben elektronische Terminplaner mit bunten Balken. Warum diskutieren darüber sechs hoch bezahlte Führungskräfte? Ich denke, dass in oben genannter Konstellation ein Dialog von sagen wir 20 Minuten Arbeitszeit das Unternehmen circa 500 Euro kostet. Ich koste knapp 24 Euro die Stunde. Sieht so General Management aus?

Auf frischer Tat ertappt

Was mag sich eine Sekretärin denken, die jedes Restaurant der Stadt nach Karte, Preislage, Parkplatzsituation und Vorausbuchungsfrist identifizieren kann, wenn sie im Postfach ihres Chefs sieht, dass er und sein Geschäftsfreund ganze 16 Mails brauchten, um sich auf ein Restaurant zu einigen:

10.05 Uhr: »What about dinner together on Wednesday next week?«
10.07 Uhr: »My pleasure. But please nothing boring and sophisticated like › The Lounge‹ last time.«

10.10 Uhr: »*Of course not. ›The Lounge‹ was only for our cigar smoking friends. Any other place is more fun. Italian or French?*«

10.13 Uhr: »*Is there any acceptable French restaurant in town, in Europe, in the world?*«

10.15 Uhr: »*Frankly, it's only ›L'Orange‹ ... ›Le grand bateau‹ is sometimes okay, sometimes not. And they have no parking space.*«

10.17 Uhr: »*Don't drink and drive.*«

10.20 Uhr: »*I understand. Any preferences from your side?*«

10.23 Uhr: »*Let's do something different.*«

10.24 Uhr: »*With pleasure. Any idea?*«

10.26 Uhr: »*My top 8 would be: ›The Buddhas‹, ›Schumberger‹, ›Nixon‹, ›The Grill‹, ›Mi Tsu‹, ›Pompeji‹, ›Koy‹, ›Lühmanns‹.*«

10.30 Uhr: »*My top 4 out of it: ›Schumberger‹, ›The Grill‹, ›Koy‹, ›Lühmanns‹.*«

10.33 Uhr: »*›Schumberger‹?*«

10.34 Uhr: »*I screw it.*«

10.36 Uhr: »*What time?*«

10.37 Uhr: »*20h30 is fine.*«

10.45 Uhr: »*Yep, I booked.*«

Auf der Spesenabrechnung stand dann unter »Anlass«: »Zeit- und Kostenminimierung in Lieferkette und Datenaustausch.«

Warum Chefs nicht delegieren können oder wollen

1. Ablenkung

Obiger Mailwechsel zeigt den harmlosesten, aber eigentlich tragischsten Grund auf: Ablenkung durch kleine, auf einfachste Weise von Erfolg zu krönende, operative Vorgänge. Die lenken vom Nachdenken über größere und abstraktere Baustellen ab, und die schnelle Online-Exekutive ist dabei eben ein sehr populäres Hilfsmittel.

2. Zeitknappheit

Es fängt an beim ganz normalen Tagesablauf: Auf wie viele Minuten (Stunden werden es nicht sein) beziffert ein Chef die Zeit, die er pro Tag zum Nachdenken hat? Die wenige Zeit, die er hat, muss er mit externen oder internen Ritualen, viel zu langen Meetings und festlichen Essen verstreichen lassen. Ihm fehlt somit unter Umständen die Zeit, aus diesem scheinbar zwangläufigen Handlungsablauf herauszutreten und in Alternativen zu denken. Er arbeitet vielleicht eher wie ein Rettungssanitäter, der vor lauter Zeitmangel schnell alles selbst macht, statt anderen erst umständlich erklären zu müssen, wie ein offener Bruch versorgt wird. Allerdings riskiert er mit dieser Strategie, dass er irgendwann einmal selbst auf der Trage liegt und seine Kollegen schlecht geschult sind, weil er sie nie rangelassen hat. Und dann gnade ihm Gott, wenn er einen offenen Bruch hat.

3. Kontrollsucht

»Ich delegiere nichts, und wenn doch, dann kontrolliere ich es.« Einer meiner Chefs hat das von sich behauptet. Es war ernst gemeint. Und er fühlte sich originell dabei. Wie unsouverän. Wenn er das so sagte, dann klang da aber noch mehr mit, etwas ganz und gar Unschönes, nämlich die gleichzeitige Abwertung seiner Mitarbeiter, denen er offenbar kein Vertrauen entgegenbringen wollte. »Vielleicht ein Trauma aus Kindertagen?« – Diese Frage habe ich ihm gestellt, als er die Canapés erst sehen wollte, bevor ich sie mittags ins Meeting brachte. Ich denke, er verstand meinen Humor nicht. Den Resttag überlebte ich nur mit Mühe. Dabei ist Vertrauen eines der wichtigsten Komponenten für den Erfolg eines Teams – vom Sekretariat bis hin zum Unternehmen als solches. Es prägt die Kommunikation, den Umgang miteinander, die Motivation. Natürlich ist Fachkompetenz wichtig, aber ohne Vertrauen kann diese nicht richtig greifen.

Wie Chefs den Kontrollfreak in sich kleinkriegen

Das Sekretariat ist die unverfänglichste Spielwiese, die man zu Übungszwecken in Sachen Delegieren betreten kann. Im Allgemeinen gehen nicht Milliardenbeträge flöten, wenn ein Chef seine Sekretärin das Glückwunschschreiben zum Jubiläum des Aufsichtsratsvorsitzenden oder des besten Kunden auch einmal selbst formulieren lässt. Er sieht es ja nachher sowieso in der Unterschriftsmappe. Es gibt da noch weitere Tipps:

1. **Gewaltenteilung** – die Exekutive liegt bei der Sekretärin! Was ein Chef also nie tun sollte:

   - Selbst andere Sekretärinnen anrufen (Chef kommuniziert mit Chef, Sekretärin kommuniziert mit Sekretärin – diese Regel wird auf beiden Seiten oft missachtet).
   - Selbst Flüge, Hotels, Autos, Tische buchen (Wir kommen sowieso früher oder später dahinter, und bei dieser Gelegenheit der Hinweis, dass die günstigen Raten im Internet weder Versicherung noch Steuer beinhalten).
   - Selbst Protokoll schreiben (nichts kommt so unsouverän und teuer, denn dafür hat man seine Leute – bitte eigenen Stundenlohn beachten).
   - Selbst Aktenordner eben mal handschriftlich beschriften (statt sich ein handwerkliches Hobby zu suchen).
   - Selbst Mails ab einer Länge von einer halben Seite im Zweifingersystem durchgängig ohne Großbuchstaben oder gar ohne Kommas zu schreiben (der Adressat wird denken:»Hat der keine Sekretärin, der Arme?«). Dies ist nicht schnell, autonom und cool. Dies macht einen krummen Rücken, ein übervolles Mail Account und ein unselbständiges Sekretariat.
   - Kreditorenrechnungen über die wöchentliche Kekslieferung oder die Anschaffung von zwölf Tüten Dosenmilch kann auch die Sekretärin abzeichnen.

2. **Delegieren fühlt sich besser an, wenn vorher informiert wird.** Das, was anfangs in Worte investiert wird, lässt sich später doppelt einsparen. Schließlich gibt es nichts Schlimmeres, als den Verdacht einer Totalahnungslosigkeit und intellektueller Verkümmerung im Sekretariat aufkommen zu lassen. Dies fällt nicht auf die Sekretärin, sondern auf den Chef selbst zurück. Es gibt eine bunte Palette von Möglichkeiten, um dieses zu vermeiden: die mündliche Kommunikation, das Weiterleiten von Mails und Terminen, die Zurverfügungstellung von Unterlagen. Wohlgemerkt: Es geht hier nicht um eine mühevolle vollumfängliche Aufklärung, sondern um einen Aktionsspielraum für die Sekretärin. Man kann sie sogar mit in kleinere Meetings nehmen, gerade am Anfang, ohne dass Kollegen gucken, als habe man ein Marsmännchen im Schlepptau.

3. **Delegieren statt formulieren.** Muss ein Chef sich selbst um die Auswahl schriftlicher Worte und deren korrekte Aneinanderreihung kümmern?

4. **Mailflut eindämmen:** Muss es wirklich immer sein, dass eine Sekretärin die Mails, die sie sowieso eigenständig formuliert hat und nachhalten soll, aus dem Postfach des Chefs herausschickt? Man sollte ihr auch digital ein Eigenleben mit eigener Signatur zutrauen und somit nach außen ein Entrée als Gesprächspartnerin in allen Organisationsfragen. Es kommt ganz einfach besser an. Und ihr Chef hat anschließend ein paar Antwort-Mails weniger, die über ihn herfallen wie ein Bienenschwarm.

Das Durchstellspiel:
Den einzigen Vorgang, den auch delegiergestörte Chefs gerne abgeben, ist das Rufnummern-Wählen. Grund dafür ist das »Guten-Tag-Sekretariat-Herr-X-Ich-verbinde-Symptom«, eine gerne bemühte Zauberformel, die für externe Gesprächspartner am anderen Ende der Leitung Aufschluss über Position und Wichtigkeit des Chefs gibt. Den wenigsten geht es dabei um eine Zeitersparnis. Diese Aufgabe fällt somit nicht unter Delegieren, sondern unter Selbstmarketing.

»Ich hätte gern eine Hüpfburg« und andere private Missionen

Der schleichende Sog der Annehmlichkeiten

»Ich schätze die professionelle Aufmerksamkeit und eine gewisse Reibungslosigkeit des Lebens, die meine Sekretärin mir gibt, und zwar vollumfänglich.«
Anonym

Ich habe meinen Chefs immer viel abgenommen. Dazu habe ich berufsbedingt kleine unsichtbare Gurte mit Schlaufen auf dem Rücken, damit man auf ihm so einiges abladen kann: lästige Anrufer, schwierige Kunden, noch schwierigere Mitarbeiter, durchaus lukrative, aber eben langweilige Abrechnungen, verhasste Papiere, ungeliebte Dateien, umständliche Programmierungen, unschöne Gefühle, die komplette deutsche Orthografie, Tassen, Gläser, Flaschen und Thermoskannen, kurzum: die ganze Last der Alltäglichkeiten des Lebens. Das alles habe ich gern geschultert, denn ich ahnte, dass meine Chefs noch ganz andere Dinge zu schultern hatten. Ich konzentrierte mich also im Rahmen meiner bescheidenen Möglichkeiten, aber doch brennenden Herzens auf die Entlastung meiner Chefs, auf die Bewältigung der Krise, auf die Rettung des eigenen und die Mitarbeit an der Rettung tausend anderer Arbeitsplätze. Aber irgendwann war es vorbei mit meinem brennenden Herzen, denn je erfolgreicher meine Chefs die Karriereleiter hoch kletterten, desto öfter hatte ich plötzlich Menschen am Telefon, die für mich zumindest nicht unmittelbar etwas mit den obigen Herausforderungen zu tun hatten: persönliche Bankberater meiner Chefs, Versicherungsagenten, Autowerkstättenbesitzer und Vorführwagenfahrer, Innenarchitekten, Personal Health Coaches oder Fitnesstrainer, Friseure und Fußpfleger, die ganze Familie, Letztere mit den entsprechenden Anschlussaufträgen. Frau und Kinder riefen mich seltener direkt an, vertrauten darauf, dass Papi das schon »in die Kanäle« gibt. Ein Dankeschön kam dementsprechend auch von dieser Seite nicht.

Ich hatte immer gedacht, dass die viel beschäftigten Männer in den größeren Büros vor lauter Arbeit kaum Privatleben hätten. Aber sie hatten dann doch erstaunlich viel davon, zumindest zwischen 8.30 Uhr und 20.00 Uhr. Man sagt, dass Männer, die es nach oben geschafft haben, im Schnitt vier Kinder haben, was ich nicht nur faktisch, sondern auch arbeitstechnisch bestätigen konnte. Das machte die Sache nicht einfacher. Ich wurde unverblümt in ihr Leben mit einbezogen und in einer kindlich unbekümmerten Laisser-faire-Haltung mit Aufgaben privater Natur bedacht, für die jeder Mann an meiner Stelle einen sauberen und lukrativen Nebenvertrag ausgehandelt hätte. Ich hatte auch keine Ahnung, ob ich und meine Leistungen so gänzlich pauschal in mir unbekannten Verträgen mit ausgehandelt waren. Schließlich war ich ja nun auch in gewisser Hinsicht Firmeneigentum, und ich hatte gelernt, dass man das nicht einfach so für private Zwecke nutzt wie einen Regenschirm mit Firmenlogo, der der häuslichen Nutzung zugeführt wird. Gesagt hat mir das alles jedenfalls niemand. Und ich hatte auch nicht danach gefragt, da ich Chefs mit fremd und gratis gemanagtem Privatleben für ein exquisites Auslaufmodell hielt, für Menschen mit einer kleinen zusätzlichen egozentrischen Störung. Sicher, er hatte im Vorstellungsgespräch sehr viel Wert darauf gelegt, dass ich mit »hochvertraulichen Dingen« umgehen könne. Ich hatte da allerdings mehr an Mitarbeiterboni oder Umsatzzahlen gedacht, nicht an Röntgenaufnahmen, polnische Fliesenleger und Innenarchitekten, die sich im Zen-Stil auskennen.

Ich hatte definitiv Pech. Es blieb eben nicht bei unfrankierter Privatpost im Firmenausgang. Und für den Nebenvertrag war es schnell zu spät. Oder wie will man den Gegenwert für das Säubern, Einpacken und Verschicken eines Paares schmutziger Wanderschuhe beziffern, die man morgens auf seiner Schreibtischunterlage vorfindet? Man stellt sich irgendwann keine Fragen mehr (»Oh, was sollen diese Schuhe hier?«). Man drückt die Chef-Leitung und sagt nur ein einziges Wort (»Wohin?«), um anschließend dieses plakative Symbol unerschütterlichen Selbstbewusstseins möglichst diskret vergesslichen Wanderfreunden zuzuführen – per Firmenpost, mit Anschreiben. Ebenso wenig konnte ich eine Form von »Corporate Volunteering« darin erkennen, wenn ich die nicht gemeinnützigen Bewerbungsschreiben für den Nachwuchs meines Chefs in die Tastatur donnerte.

»Frau Münk, ich lege hier mal zwölf Umschläge in den Ausgangskorb. Es sind Einladungen, also meine. Können Sie mal gucken, wie viel Geld wir dafür an die Poststelle geben müssen?«
»Aber Sie tun doch sonst auch nie Porto drauf, das wird schon gehen.«
»Ja, aber es sind zwölf dieses Mal.«
»Alles kein Problem, nur: Entweder Sie machen es grundsätzlich nicht oder grundsätzlich doch. Täglich ein Brief sind ja auch fünf Briefe die Woche. Wir müssen es nur wissen.«
»Dann machen Sie mal.«
»Also Firmenstempel.«
»Ja, oder haben die vielleicht auch so bunte Briefmarken, was Florales vielleicht?«

Es waren bei all dem nicht diese kleinlichen Gedanken um die Portokosten, die mich umtrieben. Da war vielmehr ein verdächtig unschönes Gefühl, ein Ausbreiten diffuser Traurigkeit, das auftrat mit jeder armseligen Stromablesekarte, die zum Kopierenlassen und Verschickenlassen mit in die Firma gebracht wurde, mit jedem Gang in die Buchhaltung für einen Privatvorschuss aus der Firmenkasse. Es kam ungefragt in mir hoch beim Eintippen jeder unendlich langen Zahlenkolonne, wie nur deutsche Steuerkassen sie erfinden können, Zahlenkolonnen, die ich beim E-Banking vom Überweisungsträger ins System donnern musste, wenn die Söhne/die Frauen/die Freundinnen/die Mütter meiner Chefs wieder einmal ein Knöllchen eingefahren hatten. Und je mehr es ihnen egal war, dass ich das alles wusste, desto unwichtiger und kleiner kam ich mir vor. Es war, als hätten meine Chefs sich an sich selbst verloren.

Wenn man das alles sportlich sieht, wurde es jedenfalls nie langweilig. Hier musste es sich also um die »hochvertraulichen Dinge« handeln, auf die er im Vorstellungsgespräch so viel Wert gelegt hatte. Und bei diesen firmenfernen Aufträgen offenbarten sich oft geradezu exotische Vorlieben, überraschende Plattitüden, beunruhigende Krankheitsbefunde, erschütternde Unselbständigkeiten, manische Kontobewegungen und wunderbare Beziehungsdramen Shakespeare'schen Ausmaßes. Sie waren Teil der Horizonterweiterung in alle Richtungen, eben auch nach unten.

An dieser Stelle sei die Frage erlaubt, ob diese Großzügigkeit in puncto Ausbreitung des eigenen Privatlebens in Form von Arbeitsaufträgen an die Sekretärin rechtliche Grenzen hat, zumindest ohne entsprechende Vertragsgrundlage auf beiden Seiten. Ich wage zu behaupten, dass heute jede zweite Vorstands- und Geschäftsführungssekretärin immer noch mindestens zehn Prozent, meistens mehr, ihrer Zeit für private Dinge ihres Chefs, seines Zeichens selbst meist angestellte Führungskraft, aufwendet. Streng genommen macht sich ihr Chef damit arbeitsrechtlich angreifbar. Doch es fällt unter den allumfassenden Deckmantel der Loyalität als Kernqualifikation einer Sekretärin, dass diese Tätigkeiten diskret mit abgewickelt werden, ohne darüber zu reden. Wenn die von der Firma bezahlte Sekretärin neben der Bestellung von Heizöl für den heimischen Chef-Tank auch noch seine komplette Haus- und Hofverwaltung macht, handelt es sich lediglich um den Teil einer Berufsausübung, um eine gängige, harmlose Selbstverständlichkeit, die sich so eingeschlichen hat wie ein Heuschnupfen im Frühjahr. Das Unternehmen, für das so ein Chef schließlich in verantwortungsvoller Position arbeitet, scheint diesen Service zu gewähren, wenn auch als geldwerten Vorteil – unversteuert. Sekretärinnen haben mitunter hohe Stundenlöhne und werden vom Unternehmen bezahlt, auch wenn sie gerade auf »Google« ein nettes Bild für die anzufertigende Einladung zum Kindergeburtstag von Chef-Junior suchen. Veruntreuung von Firmengeldern jedoch sieht anders aus, hat mehr Klasse. Und wo kein Kläger, da kein Richter.

Konkreter wird es da schon bei den Bagatellkündigungen, gerne aufgrund von entwendeten Rest-Nahrungsmitteln in einstelliger Preislage (das Bewirtungs-Buffet lässt grüßen). Die sollen bei angestellten Nicht-Führungskräften vorgekommen sein. Wie schön ist es da, dass im deutschen Büroalltag millionenfach Bleistifte eingesteckt und Kekse gemopst werden, ohne dass es zu Massenentlassungen kommt. Die deutsche Wirtschaft wäre sonst gänzlich führungslos. Der Justiz ist nur ein einziger Fall bekannt, in dem ein Gericht eine Führungskraft wegen eines Bagatelldelikts beinahe um die Existenz gebracht hätte. Die fristlose Kündigung wurde jedoch wegen Geringfügigkeit der Klagesumme wieder zurückgezogen, und ich frage mich bis heute, ob die Sekretärin des betreffenden Managers absichtlich die Drogeriemarkt-Rechnung über Artikel des eindeutig privaten Bedarfs in der Reisekostenabrechnung belassen hat. Normalerweise sortieren wir aus, bevor wir abrechnen – also naive Nachlässigkeit, stumpfe Gleichgültigkeit oder späte Rache? Vielen Chefs ist es schlichtweg egal, sie merken es kaum, sie haben ja keine Ahnung, ob wir das Computerspiel für den Jüngsten (»Leo Lausemaus«) als »Multimedia-Nebenkosten« mit all den anderen Belegen abrechnen oder schlichtweg im Interesse des Chefs und im wahrsten Sinne des Wortes unter den Tisch fallen lassen. Es gibt die Geschichte von der Sekretärin, die im Rahmen der Reisekostenabrechnung für London die Quittung über »2 Screwdrivers« empört zerriss, wo es sich doch nur um zwei Cocktails mit dem Geschäftspartner abends in der Bar gehandelt hatte. Die Vermutung, es könne dabei tatsächlich um die Erweiterung des heimischen Werkzeugkoffers gegangen sein, spricht allerdings Bände.

Der Weg in die Selbständigkeit

Es soll Chefs geben, die noch nicht einmal im Ansatz zu dieser aussterbenden Spezies der Privatiers zählen und ihre Privatangelegenheiten privat im Privatbüro, also außerhalb der Firma, regeln oder regeln lassen. Die ganz Großen unter ihnen leisten sich eine outgesourcte Abendsekretärin oder gar ein »Family Office« – transparent, vertraglich geregelt, entsprechend bezahlt und einwandfrei. Das sind die Ausnahmen. Sollte sich also das Private auf weniger spektakuläre, aber nicht minder zeitraubende Tätigkeiten beschränken, die man glaubt tagsüber nebenbei erledigen lassen zu können, so ist es nie zu spät, sein (Privat-)Leben selbst in die Hand zu nehmen. Es hat etwas Souveränes, auch seiner Sekretärin gegenüber selbständig, autark und würdevoll, ja vielleicht sogar auf positivste Weise ein wenig unergründlich und geheimnisvoll aufzutreten – statt ihr das eigene Leben in Form von Blutfettwerten, Badezimmerarmaturen und Buchsbaumhecken zu präsentieren. Elan und Herzblut kann man dabei von den Frauen im Vorzimmer nicht unbedingt erwarten:

Notfälle, Beinbrüche und Überschwemmungen zu Hause nehmen wir gern für Sie telefonisch entgegen und kümmern uns um die Schadensbegrenzung. Aber ist Ihr Tauchkurs ein Notfall? Wir hoffen nicht. Lernen Sie Geldautomaten kennen, die tun nichts. Kaufen Sie sich ein Briefmarkenheftchen für Ihre Privatpost. Man wird Sie dafür schätzen und lieben, denn auch diese kleinen Maßnahmen fallen unter »Anstand«, eine etwas in die Jahre gekommene, schlichte, aber sehr bewährte Regel. Und sind Sie eigentlich gern ein rundum gläserner Mensch, wenn auch nur für eine Person in der Firma? Richten Sie für Themen der privaten Infrastruktur ein unauffälliges, privates Mail Account ein, um das Sie sich zehn Minuten am Tag selbst kümmern, wenn es Ihre Frau zu Hause nicht tut. Der Wert des Ganzen: Es vermeidet, dass Ihre Sekretärin eines Tages der Versuchung nachgibt, den Telefonhörer mit dem Anrufer in der Leitung auf den Tisch legt und bei geöffneter Tür laut Richtung Mitarbeiterflur flötet:
»Die Lernschwächetherapeutin Ihres Sohnes kann heute nicht!«

»Alle unfähig«
– die Grenzen der Kritik

Kritik an sich ist nichts Ungewöhnliches und nichts Schlimmes. Nur die Art und Weise der Vermittlung bereitet mitunter Schwierigkeiten. Denn mit der Kritik begibt man sich immer ein wenig auf Expedition ins Land der Empfindlichkeiten, und man riskiert, dort wahre Kriegsschauplätze zu eröffnen. Eigentlich kann man da nur alles falsch machen.

Ohne den Verdacht armseligen Selbstmitleids aufkommen zu lassen, wage ich vorab zu behaupten, dass wir Sekretärinnen eines der beliebtesten Ziele für Kritik sind – nicht nur, weil wir in der innerbetrieblichen Nahrungskette eine sehr harmlose, untere Position einnehmen, sondern ganz einfach, weil wir immer da sind, nie weit weg, selten auf Reisen. Unsere Versäumnisse sind unmittelbar greifbar und somit leicht zu formulieren. Wir empfangen hauptsächlich und senden weniger, sind Entsorgungszentren mit Pulsschlag. Im Allgemeinen sind wir daher in der professionellen Entgegennahme von Kritik alte Hasen und bereiten wenig Ärger. Manchmal sagen wir auch gar nichts. Die an uns gerichtete Kritik muss man auch nicht umständlich verpacken. Eine kurze Feststellung in der ersten Person Singular reicht vollkommen: Wenn mein Chef mich noch aus dem an die Startposition rollenden Flieger anruft und nur einen Satz zischt:»Ich sitze in der Mitte«, so hat das eine Kritik-Intensität, die alle Rückfragen oder Ja-aber-Einwände schlagartig überflüssig macht. Danach sitzt er immer noch in der Mitte. Aber er fühlt sich besser. Ich nicht.

Kritik-Typen

Ich fühle mich nicht wohl, ich bin gar nicht glücklich. Alle anderen sind schuld, und das sage ich jetzt sofort und immer wieder. Irgendetwas zum Kritisieren finde ich leider immer. Alle unfähig.
Seine Kritik:»Frau Münk, Sie haben den Termin schon wieder nicht ins System eingegeben, verdammt noch mal.«
Meine Reaktion: Wahrscheinlich gab es mittags wieder Schwerverdauliches in der Kantine.

Der Reich-Ranicki unter den Managern ist schwer zufrieden zu stellen, genauer gesagt kann man ihm als Sekretärin eigentlich nichts recht machen. Er verpulvert seine Munition, wann immer er Gelegenheit dazu hat. Nun ist herbe Kritik besser als schnöde Unwissenheit oder Ignoranz, aber es ist ein Unterschied, ob Bücher oder Mitarbeiter kritisiert werden. Denn Kritik ist ein inflationäres Gut, das bei übermäßigem Gebrauch am Menschen an Schlagkraft verliert. Das scheint diesem Chef-Typus nicht bekannt zu sein. Und wenn doch, dann drängt sich die Annahme auf, dass er eher um seiner selbst willen kritisiert, weil er sich angesichts der formulierten Unfähigkeit anderer gut fühlt, und weniger, um damit irgendetwas konstruktiv, also nachhaltig, zu ändern. Er nörgelt gern und schreit auch schon einmal, wenn er es nötig hat. Kritik ist, wenn er trotzdem recht hat. In diesen Momenten, mögen sie für alle Beteiligten noch so traurig sein, wächst er ein bisschen über sich hinaus. Ein Kommentar wird nicht erwartet und daher irgendwann auch nicht mehr gegeben. Schließlich mutiert man als Sekretärin in zwei mögliche Richtungen: Man wird zum Schatten seiner selbst, verunsichert, voller Selbstzweifel und legt ein überangepasstes Verhalten an den Tag. Die Absätze werden immer höher, weil man selbst immer kleiner wird. Oder man findet sich über kurz oder lang wieder im Zustand einer lustlosen Unempfindlichkeit, kritikimmun, obwohl man sich als Frau doch eigentlich gerne aufregt. Was bleibt, ist ein Blick zur Decke, ohne ein Wort, mit rollenden Augen. Ich weiß nicht, was schlimmer ist. Studien belegen, dass ständig kritisierte Mitarbeiter nur zwischen 25 und 40 Prozent ihrer Leistungsfähigkeit abrufen.

Jetzt hat sie wieder vergessen, den Termin einzutragen. Was soll ich mich noch aufregen? Hat doch sowieso keinen Zweck. Mehr ist wohl nicht zu erwarten von ihr. Schafft nur schlechtes Klima und noch mehr Ärger.
Seine Kritik: keine
Meine Reaktion: auch keine, vielleicht noch: Herrje, jetzt habe ich vergessen, den Termin einzutragen. Aber er sagt ja nichts. Also sage ich auch nichts. Ist ja wohl auch nicht so schlimm.

Der Ignorant geht wahrscheinlich davon aus, dass Frauen auf Kritik eben nicht so reagieren wie sein bester Kumpel abends beim Sport (Buff an den Oberarm und maximal ein Wort, danach das totale Vergessen). Bevor er sich also vermeintlichen Analysen, Tränen, Enttäuschung über den eigenen Perfektionismus, unschönen Gesprächen, Vorwürfen und langen Gesichtern aussetzt, sagt er lieber nichts. Alles andere würde Konfrontation und noch mehr Arbeit bedeuten. Mitarbeiterführung? Im Positiven gern, im Negativen zu unschön. Vielleicht traut er sich auch schon gar nicht mehr. Er schenkt also keine Beachtung, noch nicht einmal negative. Und als Sekretärin kommt man sich gar nicht so schlecht dabei vor, denn man hat keine eingebaute Autokorrektur-Funktion. Nein, man wiegt sich vielleicht in unbegründeter Sicherheit, einen super Job zu haben oder gar zu machen, denn es beschwert sich ja auch niemand. Und man kommt damit durch. Also macht man genauso weiter wie immer. Dass viele Dinge so bleiben, wie sie sind, speist sich aus der bequemen Erkenntnis, dass es eventuell schlimmer werden könnte, wenn man etwas zu ändern versucht.

Wieso macht die diesen Fehler? Das kann die besser. Oder nicht? Ich muss da mal drauf achten und zur Not mit ihr reden.
Seine Kritik: »Frau Münk, kann es sein, dass Sie den Termin nicht eingetragen haben? Das können Sie besser, oder?«
Meine Reaktion: »Ohje, Warnschuss. Wie konnte mir das schon wieder passieren, und der erwartet jetzt auch noch eine Antwort, oder?«

Der Souveräne unter den Chefs und somit der Traum jeder Sekretärin beherrscht eines: das Vermeiden übersteigerter Emotion bei gleichzeitiger Beibehaltung eines richtungsgebenden Dialogs und somit Aufrechterhaltung einer gesunden Mischung aus Nonchalance und eben Kritik. Wenn Beschwerden zeitlich und sprachlich geschickt eingesetzt werden, überrumpelt ein Chef damit die Sekretärin auch schon einmal, um zu erwirken, dass diese wirklich ins Grübeln und somit zu einer Erkenntnis kommt, wie man Fehler in Zukunft vermeiden kann. Ich habe einem meiner Chefs morgens einmal mit vorwurfsvoller Miene vorgehalten, dass er zu spät sei und die Gesprächspartner bereits länger warteten. Er sagte daraufhin freundlich, aber mit feinem Unterton: »Frau Münk, da muss ich mich wohl bei Ihnen entschuldigen, dass ich heute einmal noch später komme als Sie sonst.« Das saß, es war ein als freundliche Erwiderung verkleideter Giftpfeil. Und ich war zwei Köpfe kleiner. Er hätte auch nie gesagt »Tippfehler, wieder, Mensch Münk!«, sondern »Ihr Detailfokus lässt zu wünschen übrig.« So etwas traf mich ganzheitlich.

Mit solch beiläufigen, aber doch bewusst eingesetzten Äußerungen kann man eine Menge machen: Leute wieder auf den Boden holen, Orientierung geben, schlechtes Gewissen erzeugen, Besserung herbeiführen, also ganz einfach Mitarbeiter führen. Die Spielregeln sind einfach: Blickwinkel ändern, fragen statt schlagen, Emotionen zurückhalten, konkret werden, Blickkontakt halten, richtig verpacken statt persönlich attackieren, lieber sparsam einsetzen und dafür am Wirkungsgrad arbeiten.

Unter Umständen bekommt man am Ende dafür etwas zu hören, was vielen immer noch viel zu selten über die Lippen kommt: ein »Entschuldigung«.

Und wenn es nicht mehr auszuhalten ist?

Jede Art von Aufmerksamkeit, auch die negative, ist besser als dahinwabernde Gleichgültigkeit und Ignoranz. Aber es gibt Grenzen. Die Gradmesser dafür sind: Lautstärke, Häufigkeit und Grund der geäußerten Kritik. Einen Chef, der mich nach einer Reihe von Kritikattacken schließlich wegen einer nicht ganz geschlossenen Schreibtischschublade lautstark in Grund und Boden geschimpft hat, habe ich verlassen mit den Worten »Nur ganz wenige Menschen dürfen so mit mir umgehen. Sie gehören nicht dazu.« Niemand muss Ungerechtigkeiten hinnehmen, nur weil man sich nicht traut, Paroli zu bieten. Es ist wie in der Ehe, hier passt der oft bemühte Vergleich wirklich: Manchmal bleibt nur der Mut zur Trennung, konsequent und in Würde. Das gilt auch für den Chef, wenn sich seine Sekretärin trotz wiederholter Hinweise, Gespräche und Fortbildungen partout nicht befähigt sieht, ein Diktat entgegenzunehmen und einigermaßen fehlerfrei zu Papier zu bringen. Da versagt irgendwann die Wirkungsweise der Kritik, und sowohl Chef als auch Sekretärin sollten sich selbst weitere Schmach ersparen.

Das Gerücht von der Vorbildfunktion

Wir Sekretärinnen wissen es natürlich: Das Management als solches, das heißt das Ziehen des Karrens, das Tragen von Verantwortung und das Fällen von Entscheidungen, ist schon schwer genug und bekommt nahezu masochistische Züge, wenn die Chefs dabei stereo auch noch lachen, anspornen und herrje Vorbild sein sollen. Wo ihnen selbst keine geboten werden. Das mit dem Vorbild ist jedoch eigentlich gar nicht so schwer. Werte, die beflügeln, lassen sich ohne großen Aufwand vermitteln. Vorbild-Sein hat nichts mit Arbeit zu tun. Es ist eine Haltung. Damit kann man die richtig guten Mitarbeiter beeindrucken. Das sind die guten Nachrichten.

Natürlich, viele meiner Chefs waren und sind nicht ganz so extrinsisch motiviert wie sie gern vermitteln, das heißt Titel, dreisprachiges Sekretariat, Bonus, Dienstwagenklasse und das Recht auf Flüge in der Business-Klasse spielen für ihre Motivation eine entscheidende Rolle. Diese Attribute sind besonders große Edel-Karotten und machen die Erfüllung der Vorbildfunktion aus nachvollziehbaren Gründen recht schwer. Wer kann es ihnen verdenken? Mal ehrlich. So tickt der gemeine Mensch nun mal.

Und dennoch, einer dieser Chefs hat dann einem seiner Bereichsleiter zum dreißigjährigen Firmenjubiläum einen orangefarbenen Tischgrill geschenkt, unter dem noch die Weihnachtskarte der Geschäftsführung eines unserer Top-20-Kunden klebte. Das war in meinen Augen ein fahrlässiger Verstoß gegen die Vorbild-Richtlinien. Es geht nicht um Bonus und Porsche. Seid glücklich damit, wenn es sein muss. Man kann auch mit Brilli auf dem Kugelschreiber Vorbild sein. Es geht hier vielmehr um die einfache, alltägliche Ehrlichkeit, um Takt und Integrität. Solche Dinge sind ja oft die schwierigsten, obwohl sie ganz von alleine kommen können und nichts kosten.

Der runde Geburtstag dieses Chefs war am 24. Dezember – ein Christkind, schwer zu glauben, aber wahr. Der Besitzer des orangefarbenen Tischgrills mit den Tesafilmspuren an der Unterseite hat ihm dann einen Räucherlachs und einen dreiteiligen Wandkalender mit roter Schiebekästchen-Markierung geschenkt – von unserem Top-1-Logistikunternehmen, mit Firmenlogo. Zur eigenhändigen Überreichung habe ich ihm erstens lächelnd und zweitens weit die Tür zum Chefbüro geöffnet. In diesem einen Moment bekam der Bereichsleiter tatsächlich kleine Flügelchen, allerdings aus Schadenfreude. Die sind dann wenig später auch wieder abgefallen, denn er hatte keine Erfahrung darin, Flügel zu besitzen.

Noch ein Fall: Für einen anderen Kollegen hätte es gereicht, wenn mein Chef ihm einfach hätte vermitteln können, dass er mit derselben Intensität arbeitete wie er, nur eben ein wenig anders. Der Kollege hätte sich vielleicht ein bisschen über das doch recht große Gehaltsgefälle gewundert, aber es wäre hinnehmbar gewesen (im Durchschnitt verdient der Vorstandsvorsitzende eines Dax-Konzerns in Deutschland 80-mal so viel wie sein unterster Angestellter). Aber als er sich aufmachte zu einem Gespräch im Büro meines Chefs, der nicht 80-mal, aber immerhin 3-mal so viel wie er selbst verdiente, und dieser ihm um 10.30 Uhr im Mantel entgegenkam, wunderte er sich schon ein bisschen:

»Ich muss weg.«
Er konnte nicht umhin, reflexartig, aber eben überflüssigerweise zu fragen
»Wohin?«
»Zur Staatsoper. Karten abholen. Meine Sekretärin ist krank.« Es wurde noch
nicht einmal ein anderer Grund erfunden. »Und dann noch zum Fahrlehrer-
verband.«
»Wieso?«
»ASP.«
»Wie?«
»Aufbauseminar für Kraftfahrer mit der Möglichkeit zum Punkteabbau.« Das
fand er offenbar lustig und trug es vor, als sei es nicht ernst gemeint. Aber es
war ernst. Sehr ernst.

Muss ich mich auf der Suche nach Vorbildern wirklich auf Pflegestationen oder unter Notfallsanitäter begeben? Eine Untersuchung der Unternehmensberatung Accenture hat ergeben, dass gerade einmal jeder vierte Mann am Arbeitsplatz ein Vorbild kennt, unter den Frauen ist es sogar nur jede fünfte. Ja haben die keine Chefs? Wahrscheinlich schon.

Man sagt, dass Vorbilder aus der direkten Umgebung eine stärkere Wirkung haben, weil sie ansprechbar sind. Das mag im Allgemeinen stimmen. Als Sekretärin allerdings würde ich mir manchmal wünschen, mich in einer etwas weniger direkten Umgebung zu meinem Chef aufhalten zu können. Ich bekäme dann vieles gar nicht mit, was ich nicht mitbekommen möchte.

Für mich persönlich ist die räumliche Nähe zu meinem Chef eher hinderlich für die Vorbildsuche. Und ich muss mir aus 90 Zentimetern Entfernung folgendes Diktat gefallen lassen:

Betrifft: »Trip Report East Africa«
»In our meetings we discussed ...«
»Frau Münk, warum schreiben Sie nicht mit?«
»Welche Meetings meinen Sie denn? Und mit wem? Sie hatten ja mehrere?«
»Sie stellen aber auch Fragen. Na, in den Meetings, so allgemein.«
»Dann ist ›in our Meetings‹ obsolet. Wo wollen Sie denn sonst ›discussed‹
haben – während Ihres Flugs mit dem Zweimotorer über die Flamingo-
Ansammlungen, von dem Sie erzählt haben?«
»Ja, vielleicht haben Sie recht. Also, ›Overall, we discussed a lot‹ ...«

Der ganze Bericht war dann von einer fast schon unernsten Gehalt-losigkeit, und seine Zeilen endeten auch hier wieder mit einem hand-festen und finalen »Let's discuss.«

Ich kann Wutausbrüche und Schweigeattacken ertragen, wenn ich sie verstehen, das heißt nachempfinden kann. Ich wundere mich nicht über Lücken in der deutschen Rechtschreibung, die nicht mehr unter »rudimentäre Kenntnisse« laufen. Aber gerade in solchen unspektakulä-ren Momenten der absoluten Leere, wie im obigen Diktat geschildert, bröselt der Sockel unter dem Vorbild endgültig, und ich habe Angst, dass er auf mich herabstürzt und mich unter sich begräbt. Dieser Chef war vorbildlich und richtungsweisend in dem Sinne, dass ich einfach in die genau entgegengesetzte Richtung zu laufen hatte, um den richtigen Weg zu finden.

Dieses sind kleine und vordergründig harmlose Einblicke in das Berufsalltagsleben von Menschen, die qua Vertrag und Gehalt eine Vor-bildfunktion mitverhandelt haben, ohne dass es ihnen so richtig bewusst ist. Ich hoffe, die meisten Chefs sind nicht gänzlich so. Aber jeder von ihnen sollte daran denken, dass die eigene Sekretärin im Zweifel das von ihrem Chef erwartet, was sie selbst ja auch für 1.200 Euro netto im Monat mitbringen muss: »Belastbarkeit und Nervenstärke, Kommuni-kationsvermögen, Genauigkeit, Loyalität, einen kühlen Kopf in hekti-schen Situationen und ein feines Gespür für Menschen und Situatio-nen.« Und sie ist nah dran am Chef, was seine Wirkungsweise als Vorbild noch erhöht. Mit dem Aufblicken haben wir Sekretärinnen berufs-bedingt jedenfalls kein Problem. Wir haben nur viel zu selten Gelegen-heit dazu. Dabei kann es so einfach sein: Man sollte einfach nie einen Tischgrill verschenken. Mit etwas Glück bekommt man dann auch kei-nen Räucherlachs als Gegengeschenk.

Liste gesundheitsgefährdender Sätze

Die vorangegangenen Kapitel haben Folgendes gezeigt: Fluktuation von Mitarbeitern lässt sich mitunter auch durch Unterlassung abwenden, und das erfordert geringen Aufwand. Chefs sollten ihrer Sekretärin gegen-über daher nicht alles aussprechen, was ihnen auf der Zunge liegt (auch nicht die Satzzeichen beim Diktat). Folgende Sätze sind uns Sekretärinnen zur Genüge bekannt, da sie immer noch ausgesprochen werden. Wir hören sie immer wieder. Unter demonstrativer Beimischung von Ironie ist das auch durchaus in Ordnung. Viel zu oft sind sie jedoch ernst gemeint:

Das müssen Sie nicht wissen.

Können Sie mir folgen?

Haben Sie auch an alles gedacht?

Lassen Sie das. Konzentrieren Sie sich auf die einfachen Aufgaben.

Nicht denken, sondern machen.

Das haben Sie ja schon ganz gut gemacht.

Motivieren müssen Sie sich schon selbst.

Wir sitzen alle in einem Boot.

Das ist Frau Münk, die Frau für alle Lebenslagen.
Die macht hier alles und kann Ihnen immer helfen.

Mein Heizöltank ist leer.

Jetzt nicht.

F... you (oder ähnliche Kraftausdrücke an Dritte gerichtet)

Alle unfähig.

»Geht nicht« gibt's nicht.

Ich will jetzt nichts mehr hören.

Nehmen Sie es nicht persönlich. Oder: Es war nicht so gemeint.

Wenn ich nicht da bin, müssen Sie auch nicht da sein.

Wenn man nicht alles selbst macht.

Es ist dringend (wenn er den Vorgang sowieso bis zum nächsten Tag liegen lässt).

7. »Wir können auch anders«
– was sie von ihm lernen kann

In unserem Job lernt man mehr über Männer als in einer Beziehung, auch wenn man nur Brüder hatte und vom Vater großgezogen wurde. Man wundert sich über nichts mehr, stellt keine Mutmaßungen mehr an über männliche Wesen, so als seien sie gestern erst heruntergeweht.

Es gab trotzdem viele stille, intensive und vor allem unfassbare Momente, die meine Chefs mir schenkten, und die mussten sich doch irgendwie so instrumentalisieren lassen, dass auch ich etwas davon hatte außer kräftezehrende Verbiegungen, Frust und Tränen. Nichts ist schließlich so schlecht, dass es nicht auch für etwas gut sein könnte. Mein Plan: Ich wollte sie entlasten, ohne mich selbst zu belasten, sie mit ihren eigenen Waffen schlagen, und sie würden es nicht merken, im Zweifel auch noch gut finden. Dazu musste ich mich in sie hineinversetzen, genauer gesagt mich mit ihnen in den Sandkasten setzen – nicht zum Beaufsichtigen, Schäufelchen reichen und distanzierten Kopfschütteln, sondern zum Mitspielen! Und es würde mit Sicherheit kein großer Aufwand sein, denn Männer hassen großen Aufwand, lieben das souverän Mühelose.

Meinen Chef mit sorgsamen Worten ändern zu wollen, hatte ich schon längst aufgegeben, denn er hatte tendenziell Probleme mit dem Übergang von der Theorie zur Praxis, will heißen, er konnte meine Einwände und Verbesserungsvorschläge durchaus wortreich nachvollziehen, säuselte herum – und machte dann weiter wie immer. Diese theoretische Aufgeschlossenheit bei weitestgehender Verhaltensstarre sah dann so aus:

»Okay, Frau Münk, ab heute machen wir täglich morgens einen kurzen Zehn-Minuten-Check aller anstehenden Dinge, da setzen wir uns kurz

*zusammen. Ich denke, so kommen wir in unserer Abstimmung ein ganz
schönes Stück weiter. Und wir wollen uns ja nicht völlig aus den Augen
verlieren, nicht wahr? Das wäre doch gelacht.«*
Drei Tage später:
*»Ich habe heute keine Zeit dafür. Ach, überhaupt alles Kokolores, kommt ja
immer alles anders. Wo verdammt noch mal bleibt Schlüter?«*
»Hatten Sie einen Termin mit Herrn Schlüter gemacht?«
»Nicht fragen. Anrufen!«
*»Was mache ich dann mit Herrn Müller? Mit dem haben Sie jetzt zeitgleich
einen Termin.«*
»Schlüter. Jetzt.«
*Der Rest ist dann bedeutungsvolles Schweigen seinerseits und Aktion
meinerseits. Weitere Kommunikationsversuche sind fehl am Platze und
bewirken gar nichts. Er sagt einfach nichts mehr, und man darf auch nicht
darauf warten. Genauso gut kann man einem Käse beim Reifen zusehen.*

Das Schweigen im Walde und wie es sich ausnutzen lässt

Dies ist kein einfaches Thema: Was für eine Frau »Schweigen« bedeutet,
würde der Mann »leicht reduzierte Kommunikation« nennen. Und
natürlich ist man auch bei manchem Chef regelrecht froh, wenn er endlich einmal wenigstens für ein paar Minuten die Klappe hält. Aber das
sind die selteneren Fälle. Die schweigende Fraktion ist bei den Männern
eindeutig größer: kein Gespräch, ausgestoßene Stichworte zwischen
Tür und Angel, sich schließende Türen, kein Lebenszeichen und wenn,
dann höchstens über Dritte, lange Listen von Rücksprachebedarfsfällen,
aber keine weiteren Vorgaben, nicht den Hauch einer Zuwendung. Man
möchte ihn schütteln in der Hoffnung auf ein einziges herunterfallendes
Wort. In diesem Moment ist jeder Chef aus der Sicht seiner Sekretärin
ein mundfauler Sozialphobiker. Andererseits haben wir Frauen viel zu
hohe Ansprüche an die Kommunikation, überschätzen sie maßlos.

Sollte es dagegen gar etwas Positives am Schweigen geben, außerhalb
von Meditation und Yoga? Antwort: Ja, gibt es – Schweigen eröffnet
ungeahnte Handlungsspielräume, kleine Aktionsnischen, denn solange
Chef nichts sagt, kann er auch nichts dagegen sagen. Es lässt sich wunderbar ohne Worte arbeiten. Statt auf fünf Minuten Sprechzeit am Ende

des Tages zu warten, kann man einfach so arbeiten, wie der Chef an unserer Stelle arbeiten würde – und nicht unbedingt so, wie er will, dass wir arbeiten. Das eine kann das andere einschließen, muss es aber nicht. Also nicht mehr aufregen, nicht mehr da fragen, wo keine Antworten kommen, sondern aktiv werden.

Wie mein Chef an meiner Stelle arbeiten würde

a) **Erste Regel:** Wissen ist alles! Sich schlau machen, sich in seinem Mailfach tummeln, Leute fragen – und lesen, lesen, lesen, was man auf den Tisch bekommt. Information ist ein Privileg, andere Leute kriegen das nicht alles zu Gesicht! Das Setzen des Eingangsstempels oder das Herüberziehen in den elektronischen Ordner reicht nicht.

b) **Prestigeaufgaben vor Fleißaufgaben:** Prioritäten setzen, die einem Spaß machen, statt sich zu fragen, was er jetzt wohl erledigt haben möchte – das heißt Tagungsorganisation vor Reisekostenabrechnung, Telefonlisten abarbeiten statt Telefonlisten schreiben. Die alte Regel »zuerst die unangenehmen Aufgaben« ist nur bedingt tauglich und schafft gleich von Anfang an schlechte Laune.

c) **Mehr agieren, weniger reagieren:** Briefe kurzerhand selbst formulieren und ihm hinlegen, bevor er auch nur den Hauch einer Chance zum Diktat hat. Mails selbst herausschicken, wenn auch nur als Zwischeninfo, aber mit der eigenen Signatur und nicht der des Chefs.

d) **Marketing in eigener Sache:** Viele externe und interne Kontakte pflegen. Netzwerk ist alles. Rauf auf die Verteilerlisten! Ran an den Telefonhörer. Anders sein, Smalltalk machen, Charakter zeigen, ein Image kriegen. Gutes tun und viel darüber reden, wie die Männer.

e) **Zettelfunk vermeiden:** Solange Chefs mundgerechte Informationen auf einem Zettel auf dem Tisch vorfinden oder im Multiple-Choice-Verfahren nur noch die zu buchende Flugzeit ankreuzen müssen, werden sie ihren Mund nie mehr aufkriegen. Sekretärinnen werden dann gar nicht mehr von der Tastatur wegkommen, mutieren zu unsichtbaren Heinzelweibchen und/oder ziehen sich innerlich zurück. Mündliche Information geht vor schriftliche!

f) **Verantwortung übernehmen, Dinge in die Hand nehmen:** Das Wort »Zuständigkeit« aus dem Wortschatz streichen und statt ein tröstendes, aber nicht weiterhelfendes »Das weiß ich leider auch nicht« in den Telefonhörer zu flöten, lieber ein »Ich kümmere mich darum« wagen. Es gibt immer noch so viele Sekretärinnen, die am Telefon und wahrscheinlich auch im Rest des Lebens in eine emotionslose, abwartende Duldungs- und Verhaltensstarre verfallen, um bloß nicht noch mehr Arbeit auf den Tisch zu kriegen oder gar etwas falsch zu machen. Aber auch Statisten haben Sprechrollen!

g) **Konflikte riskieren** und auf den Lerneffekt setzen, denn wer viel macht, kann auch viel falsch machen. Kein Mann zögert, um ganzheitlich abzuwägen, ob er nachher noch geliebt wird. Die meisten laufen erst einmal fröhlich drauflos. Das muss nicht immer falsch sein. Gedanken machen wir Frauen uns schon von allein und automatisch. Kritik muss man dann allerdings auch einstecken können, auch darin sind Männer besser.

Im Allgemeinen wird kein Chef behaupten, er bekomme Hitzepickel, wenn seine Sekretärin Dinge ohne Rücksprache erledigt. Im Gegenteil: Der normale Chef wird es kurz anerkennend registrieren oder es vielleicht gar nicht merken – auch wenn er selbst das natürlich alles viel besser gemacht hätte. Aber so hat er weniger Arbeit, und das ist ihm schon einmal sympathisch.

Regeln für den Fall, dass doch gesprochen wird
Mitunter wird das Schweigen durch in den Raum gestellte Satzbruchstücke unterbrochen. Für diesen Fall ist es hilfreich, sich noch einmal vor Augen zu führen, dass es nicht so wichtig ist, *was* man sagt, sondern *wie* man es sagt:

- Kurz und klar reden: Indirekte Höflichkeitsfloskeln (»Ich wollte Ihnen noch etwas sagen …«), Reflexionsschleifen (»Ich weiß nicht, ob Sie wissen …«) oder verbale Weichspüler (»eigentlich«, »vielleicht«, »man könnte«) funktionieren bei Männern nicht. Diese hören dann erst recht nach dem ersten Satz auf zuzuhören und fangen ihrerseits an zu reden.
- Worte weglassen, in denen Arbeit für ihn mitklingt: »Sie sollten« oder »Sie müssten« klingt nach Polizeiunterricht. Also: statt »Sie müssen noch Müller anrufen« lieber sagen »Müller wartet auf Rückruf.«

- Fragen in Aussagen verwandeln: Nicht »Soll ich da mal anrufen?«, sondern »Ich rufe da jetzt an!«
- Keine Probleme aufzeigen, sondern Lösungen anbieten. Ein Chef sollte gleich gelenkt werden, bevor ihm etwas Schlimmeres einfällt: Nicht »Das St. James ist leider ausgebucht«, sondern »Kann ich Sie ins Henry's buchen, das St. James ist ausgebucht.«

Es gibt Sekretariate, und ich hoffe, es sind viele, bei denen obige Verhaltensweisen an der Tagesordnung sind, die zu einem völlig spannungs- und ballastfreien Miteinander führen, auch ohne viele Worte. Und dennoch: Das mit der Übernahme von Verantwortung, das »Ich mach das jetzt mal selbst« und »Ich kümmere mich schon« hat seitens der Sekretärin dann seine Grenzen, wenn der dazugehörige Chef anfängt, sich auszuruhen, weil er mitbekommen hat, dass sein Umfeld auch ohne ihn ganz gut läuft.

Wenn eine Sekretärin immer alles machbar macht, läuft sie irgendwann bei gleich bleibendem Gehalt und nicht gleich bleibender Gesundheit auf dem Zahnfleisch. Es ändert sich aber nichts. Und spätestens wenn er sich im Internet ein Relais & Château mit Außenschwimmbecken sucht, während sie mit dem Aufsichtsratsvorsitzenden nochmals die Zusätze und To-do's im Protokoll der letzten Sitzung durchgeht, stimmt etwas nicht, nicht nur beim Gehalt. Wenn dann dieser Chef nachher sagt: »Das nächste Mal sagen Sie ihm aber, dass wir nur das ins Protokoll nehmen, was auch gesagt wurde«, dann sollte sie sagen: »Nein, das werden Sie ihm selbst beibringen müssen. Hier hört mein Job auf, und Ihrer fängt genau hier an.«

Es nützt nichts, dem Wasserbüffel Geige vorzuspielen.
Volksweisheit aus Thailand

Fremde Leidenschaft in Form von Wut
– und wie man mit ihr fertig wird

Wut hat viele Fratzen, und ich kann abgesehen von Stimmlage und Dauer auch keinen typisch männlichen oder typisch weiblichen Wutanfall ausmachen, zumindest nicht im eigentlichen Moment der Gefühlsdetonation. Diese Form der Leidenschaft ist per se nichts Schlimmes: Selbst Mahatma Ghandi muss stille Momente der Wut gehabt haben, bevor er in den Hungerstreik ging. Wut kann Antriebsfeder für gute Dinge im Namen der Gerechtigkeit und weiterer hoher Ziele sein. Das sah bei meinen Chefs meistens anders aus, von Hungerstreiks mal ganz abgesehen. Oft konnte ich außer meiner eigenen Person kein Ziel ihrer Wut erkennen, auch keinerlei Dosierung in Häufigkeit und Lautstärke. Ich konnte sie schwer nachvollziehen, denn ich war einfach nur der Puffer, der es ihnen ermöglichte, abends einigermaßen gefasst nach Hause zu gehen. Hier lag nichts, was ich von ihnen lernen konnte. Im Gegenteil, was den Umgang mit Wut angeht, so hatte ich im Rahmen der Chefentlastung gleich die doppelte Portion zu schultern: Erstens seine und zweitens meine. Meine Wut wog nicht minder schwer, bestand aus lauter kleinen unsichtbaren Stresshormonen, die sich unter meiner Haut tummelten und sich oft erst abends herauswagten, wenn alles dunkel war.

Das kann doch alles nicht sein, oder? Regelmäßig gebrüllte Worte sind nicht zu entschuldigen (»Ach Gott, ich bin eben etwas impulsiv«), und man darf sich nie an sie gewöhnen. Wut gilt in den meisten Kulturkreisen als verwerflich und gesellschaftlich nicht akzeptiert, entspricht selbst innerhalb des Büros und sogar gegenüber der Sekretärin nicht dem erwarteten Sozialverhalten. Wir tragen ja auch schon Kleidung statt Felle und haben Feuerzeuge. Es geht dagegen nichts über einen gepflegten Streit. Der setzt aber voraus, dass beide laut werden (dürfen) und nicht nur einer. Doch in Abhängigkeitsverhältnissen mit Machtfaktor wie bei Chef und Sekretärin ist das fast unmöglich. Es fehlen ganz einfach zwei Räume: Handlungsspielraum und Rückzugsraum. Fluchtwege: nicht vorhanden. Das Grundrecht der freien Meinungsäußerung trifft im Sekretariat auf seine Grenzen.

Es kann auch nicht sein, dass die Sekretärin die Symptome bekämpfen soll, ohne dass sich die Ursachen ändern: Wenn der Chef tobt, kann sie noch so lange versuchen, »sich lächelnd in eine Lotusblüte zu verwandeln«, wie es in einem der diversen Seminarangebote heißt, und den Ärger nonchalant an sich abperlen zu lassen. Es wird ihr verdammt noch mal nicht gelingen, solange noch etwas Restleben und Selbstachtung in ihr stecken. Wie unfair ist es, so etwas allen Ernstes von ihr zu verlangen und ihr dafür auch noch Geld abzuknöpfen, während der Verursacher ungeschoren davonkommt. Seine Wut kann gerade auf den Führungs-etagen elementare Ausmaße annehmen, ganz einfach weil die Gründe dafür eben auch elementare Ausmaße und oft einige Stellen vor dem Komma haben. Choleriker gibt es in allen Berufen und auf allen Ebenen, aber im Management kommen sie am häufigsten vor, da wo die Luft dünn und die Stuhlbeine hauchdünn sind. Trotzdem gilt: Wut wird auch durch Macht nicht legitimiert.

Die Selbstverteidigung

Bei wütenden Kindern hilft Bewegung an frischer Luft. Aber bei Chefs? Vielleicht sollte man deren Wut erst einmal differenzieren: Es ist ein Unterschied, ob sie sich so ganz global gegen eine »schlechte, unver-schämte und sowieso unfähige Welt« richtet oder ob sie persönlich wird. Beides ist schlimm. Aber Letzteres ist nur mit einem gewissen Waffen-arsenal zu ertragen, das man sich als Sekretärin aneignen muss. Tränen sind absolut tabu. Man sollte sich nie dabei erwischen lassen und sie auch nicht als Erpressungspotential einsetzen. Männer schätzen diese Art von Körperflüssigkeit nicht, da sie Schwäche zeigt und den Schwung aus dem Spiel nimmt. Man darf also auf gar keinen Fall sein Gesicht verlieren, sonst verliert man irgendwann sich selbst. Ich versuche es mit einer Mischung aus asiatischer Gelassenheit (schwierig) und ostwestfäli-schem Eigensinn (einfach), was mir mal mehr, mal weniger gut gelingt. Es gibt eigentlich nur drei Arten, dem Amok laufenden Tiger im Käfig die Stirn zu bieten, und zwar im Moment der größten Bedrängnis (nachher »darüber reden« ist hier nicht gemeint, das ist zu einfach):

a) Mit Worten
Die Profis nennen es »emotionsgeladene Gesprächssituationen versach-lichen«. Aber oft passt kein einziges Wort von draußen in die Schimpf-tirade eines Chefs, und wenn doch, dann lässt er nicht ausreden. Man möchte ihm ein Hörgerät schenken.

Tipp: Einfach anfangen zu sprechen, laut und deutlich, mit Blickkon-takt und gerader Haltung, nicht mehr als 1,5 bis 2 Sätze sagen. Der dabei zu bewerkstelligende Balanceakt besteht aus Selbstbehauptung unter Aufrechterhaltung von Höflichkeit, die einem selbst gerade nicht entge-gengebracht wird:

- *»Ich bleibe jetzt ruhig. Und Sie?«*
- *»Es lässt sich selbstverständlich alles ändern. Aber nicht in diesem Ton.«*
- *»Können wir etwas leiser darüber reden?«*
- *»Das können Sie mir auch anders sagen.«*
- *»Kann ich jetzt aktiv werden und morgen mit Ihnen darüber reden?«*
- *»Darf ich etwas sagen?«*
- *»Darf ich ausreden?«*

Derjenige, der Wut zeigt, ist im selben Moment auch schwach, hat sich nicht im Griff. Und das gilt es auszunutzen.

b) Ohne Worte

Schweigen heißt nicht Selbstverleugnung und bedeutet nicht, dass man als Sekretärin einfach sitzen bleibt und unschöne Dinge über sich herabregnen lässt. Lieber langsam aufstehen beziehungsweise sich umdrehen und den Raum verlassen. Damit kommen Männer ganz schlecht klar, denn in diesem Moment stoppt die Sekretärin das Spiel, indem sie sich ihm entzieht und keine weitere Angriffsfläche bietet. Die Torwand wird weggeschoben. Führungskräfte sind erwachsene Menschen. Man kann sie wunderbar mit ihren Nöten vorübergehend allein lassen, bis sie sich beruhigt haben und man sich selbst den nächsten Schachzug überlegt hat.

b) Mitspielen – die Mücke im Elefanten sehen

Das ist zweifelsohne die männlichste Herangehensweise, denn sie erfordert Fantasie und Waffeneinsatz. Natürlich, es gibt Sekretärinnen, die einfach ihren Panzer anlegen und auf Durchzug stellen. Doch das allein reicht noch nicht, denn ein gewisses Maß an Herzblut und Fantasie gehört einfach dazu. Chefs wollen auch mal überrascht werden. Folgende Mittel sind belegt, die eher an einen Rosenkrieg als an eine Zusammenarbeit erinnern, aber durchaus ihren Charme haben:

- Ich kannte eine Sekretärin, die den Telefonhörer an die Aufschäumdüse oder alternativ das Mahlwerk des Kaffeeautomaten gehalten hat, wenn ihr Chef am Telefon Luft abließ: »Hallo? Hallo! Ich verstehe Sie nicht! Die Leitung ist völlig gestört! Ich lege jetzt auf. Hallo? Bis später.«
- Eine andere hat den Anrufbeantworter eines Aufsichtsratsmitglieds angerufen und den Wutanfall ihres Chefs darauf mitgeschnitten.

Ganz wichtig dabei: Irgendwann wieder souverän lächeln. Männer beherrschen das in Perfektion, auch wenn ihnen das Wasser am Halskragen steht. Es gilt, jeden Anschein von Anstrengung oder Anspannung zu vermeiden, perfekt sein – bis man es selbst glaubt. Ärmliche Verteidigungsmittel sind dagegen die trotzige Einstellung der Kekszufuhr oder Feierabend um 16.00 Uhr. Bei all dem findet Regel Nummer 1 Anwendung: nicht nachtragend sein und somit die Wut adeln. Denn der Chef ist es im Zweifel auch nicht, ganz einfach, weil er nicht so viel nachdenkt. Es war doch nicht so gemeint. Und irgendwann kommt er wieder angekrochen.

Heiter aus Notwehr – die Sache mit dem Humor

Stehen zwei Blondinen am Bahnhof. Fragt die eine: »Mit welchem Zug fährst du?« »Mit der 1« sagt die andere. »Ich fahre mit der 2« sagt wieder die eine. Da sagt die andere: »Guck mal, da kommt die 12, damit können wir beide fahren!«

Geschmunzelt? Wie oft wird man als Sekretärin (blond, Zugfahrerin) Zeugin solcher, so genannter »Männerwitze« – und lacht herzlich mit. Wer sagt denn, dass die nur etwas für Männer sind? Mein Chef setzt diese kleinen Dreizeiler immer gern zur Auflockerung von in der Regel männlich besetzten Zusammenkünften ein, um zu demonstrieren »Hey, ich bin eigentlich ein ganz netter Kerl, ganz normal, einer von euch. Und wenn ich abends schon kein Bierchen mit euch trinken kann, dann erzähle ich jetzt eben mal diesen Witz.« Männer haben es gut. Sie nutzen den Humor als Entrée, als Gesprächslückenfüller, manchmal auf der Flucht vor der Verzweiflung oder weil ihnen einfach gerade danach ist. Frauen kämen nicht im Traum darauf. Glücklicherweise ist der Humor ein weites Feld, das sich nicht auf Blondinen an Bahnsteigen beschränkt. Er ist eine Lebenshaltung, die gerade im Sekretariat zur Basisausstattung zählt, um in absoluter Alpha-Männchen-Umgebung nicht völlig zu verzweifeln. Humor nimmt der Wahrheit die Schärfe und hebt die Schmerztoleranz. Und wenn er gut ist, hat er nichts mit Albernheit zu tun, sondern nimmt die Dinge lediglich so, wie sie sind, nutzt die Gunst der Stunde und karikiert sie im selben Augenblick. Er ist eine Waffe. Männer können damit wahre Meister sein. Man sollte es ihnen abschauen.

Der Witz als Waffe – die Regeln

a) selbstironisch sein können

Sekretärinnen tun sich im Allgemeinen recht schwer damit, denn sie kennen schon berufsbedingt diese vielen Stereotype, in die sie sich nur ungern auch noch bei vollem Bewusstsein hineinbegeben. Aber genau das sollte man tun, um seinem Gegenüber den Wind aus den Segeln zu nehmen, noch bevor dieser Schlechtes denken oder gar artikulieren kann:

»Ich weiß, wir sind alle ahnungslos und unfähig, aber ...«
»... Sorry. Blond. Sekretärin.«

Vorurteile sind harmloser und erträglicher, wenn man sie für eigene Zwecke instrumentalisiert.

b) vorbereitet sein

Männer haben einen ganzen Katalog von schlagfertigen Standardsprüchen für alle Fälle, um nicht einmal den Hauch einer Vermutung aufkommen zu lassen, ihnen könnten die Worte fehlen.

Top 1 aus meinem Katalog der Kategorie »Gewagt – knifflige Situationen entschärfen und/oder den Chef aus der Reserve locken« entstammt einer Münsteraner Tatort-Folge: *»War das jetzt ein Lächeln, oder hatten Sie einen Schlaganfall?«*

c) den richtigen Moment kennen

Ich bin schlecht im Witze-Erzählen. Ich muss sie mühsam aus meinem Gedächtnis hervorkramen und komme mir dann auch eher komisch im Sinne von gar nicht komisch vor. Spätestens dann sollte man es sein lassen. Aber dafür habe ich Sinn für das Groteske, Absurde, den höheren Blödsinn. Doch der kommt eben nicht gut an, wenn man dem Chef im Meeting mit seinen Kollegen zum wiederholten Male und doch originell mitteilen will, dass er bereits seit zwei Stunden fünf weitere Termine hat: »Dutzende von Menschen erwarten Ihr Kommen und Ihr Können, sofort, zur Abwendung großen Übels, irgendwo, praktisch überall auf der Welt.« Niemand hat gelacht – falsche Bühne, falscher Text, falscher Zeitpunkt. Das Gesicht meines Chefs muss man nicht schildern. Ich bin zurück ins Büro gekrochen.

d) nicht zynisch werden

Männer haben einen eher spontanen, harmlosen, krachenden Humor. Frauen nehmen ihn ernst, wollen zudem noch eine Botschaft damit herüberbringen, oft in Form von kleinen, versteckten Giftpfeilen, die nicht immer gut ankommen.

»Warum sind Blondinenwitze so kurz, Herr Dr. Listfeld?«
»Oh, keine Ahnung. Aber Sie werden es mir sicher sagen.«
»Damit auch Männer ohne Haarfarbe sie behalten können.«

Herr Dr. Listfeld hatte eine Ganzkopfstirn, lächelte ein wenig und entfernte sich. Schluss mit lustig.

Ja, der Humor ist eine Qualifikation, die jede Sekretärin beherrschen beziehungsweise verfeinern sollte: Geschmeidige Sätze, nicht lauter als sonst, geistesgegenwärtige Pointen, vertrauensselige Blicke, die zum allgemeinen Vergnügen dargeboten werden und so ganz nebenbei und sanft Wahrheit kundtun:

»Was macht eine Sekretärin, wenn ihr Chef auf dem Flur im Dreieck springt? –
Weiterschießen.«

Das Netzwerk und der Tellerrandfaktor

Mein Verband, mein Forum und ich

Die ersten Vorgänge, die ein Chef anschaut, bearbeitet und prompt wieder in den Ausgangskorb legt, sind Einladungen zu Round Tables, Medientreffs, Get-together, Golfturnieren, Executive Tracking Tours, Top-Entscheider-Gipfeln, Kamin- und Herrenabenden oder zum »Dialog am Airport«, der da heißt »Die Krise meistern«. Das mag daran liegen, dass ein Ich-nehme-Teil-Kreuzchen schneller als eine Budgetplanung im Kasten ist. Doch es geht vor allem darum, sich zu zeigen, seinesgleichen und -ungleichen zu treffen, sich und die Visitenkarten auszutauschen, neue Dinge zu erfahren, sich schlau zu machen. Wir Sekretärinnen kennen das. Wir melden an und rechnen ab. Auf diesen Bühnen entstehen nicht wirklich Freundschaften, selbst wenn diese dann so genannt werden, aber die richtige Information zur richtigen Zeit vom richtigen Mann kann Gold wert sein. So funktioniert das Netzwerk der Chefs, das »Old Boys Network«.

Sekretärinnen dagegen spielen eher Golf, um aus anderen Gründen Männer kennen zu lernen oder ganz einfach, weil sie abschlagen statt networken möchten. Sie bekommen höchstens kuschelige Einladungen vom Vertragshotel – zum Adventskaffee, mit Eventbacken, denn »es ist wieder so weit«. Viele Kreuzchen kann man da nicht machen. Sekretärinnen-Netzwerke werden eher in Vereinen, Berufsverbänden und Regionalgruppen gepflegt – wenn schon, dann richtig und ohne Cocktailhäppchen. Hier treffen sich (Vorsicht Stereotyp!) sehr nette, sehr einwandfreie Frauen, um sich über ihren sehr interessanten, sehr einwandfreien Beruf auszutauschen, um mittags gemeinsam ein Fitness-Baguette auf dem Tagungsflur zu knabbern und den frühen Abend mit einem Glas Wein und der Übungseinheit »Veranstaltungsmanagement – so platzieren Sie Ihre Gäste richtig« oder »Charmantes Pannenmanagement« ausklingen zu lassen. Man schließt Bekanntschaft, stellt fest, dass man sich ähnelt und dieselben Probleme hat. Man erkennt, dass man ganz allgemein und theoretisch eine ganze Menge aus dem Job herausholen kann, fühlt sich wertgeschätzt, verstanden und vor allem wohler. So weit, so gut.

Sehr viel konkreter geht es da schon in den Internet-Foren zu, wo sich Sekretärinnen unter teils humorigen Decknamen wie »Zicke«, »Kümmerliese«, »Büromieze« oder »Alsdruff« über ein weites Themenfeld hinweg austauschen (Stellenangebote, Privates, EDV, Schriftverkehr, Ärger mit dem Chef, »Wie schreibe ich ein Jubiläums-Glückwunschschreiben für einen langjährigen Mitarbeiter? Bitte Textvorschläge«).

Unter den professionellen, beruflich orientierten Netzwerken gibt es auch eine Vielzahl dieser speziellen Sekretärinnen-Foren – eine in der Größe schwer fassbare, anonyme Verständnis- und Problemlösungswelt, eine Selbsthilfegruppe mit ID-Icons statt Stimmen und Gesichtern. Auch im Sekretariat wird ordentlich gechattet – selbst wenn man in der Zeit, in der man die Sache mit dem Glückwunschschreiben als Frage einstellt, dieses bereits mit etwas mehr Fantasie und derselben Anschlagzahl selbst hätte schreiben können. Das Einloggen, Lesen und Tippen während der Arbeitszeit fällt berufsbedingt noch nicht einmal unbedingt auf. Das Herz wird sozusagen in einem Arbeitsgang am Ort des

Geschehens direkt auf der Tastatur ausgeschüttet – spontan, ungefiltert und doch anonym. Dass gerade in unserem Beruf das elektronische Netzwerk schon lange vor Facebook & Co. etabliert war, mag ein Zeichen dafür sein, wie groß das Mitteilungs- und Abstimmungsbedürfnis unter »Insiderinnen« gerade hier ist.

Die Chefs ticken da anders, würden nicht auf www.manager.de im Forum als »Bürohengst«, »Alpha-Ken« oder »Mileage Maniac« Beiträge schreiben wie »Hey Leute, hat jemand eine Ahnung, wie ich am schnellsten an eine Centurion-Amexkarte komme?« oder »Heute ist kein guter Tag, meine Sekretärin ist so komisch.« Sie haben es allerdings auch einfacher, nehmen ihre Visiten- und Kreditkarten und gehen hinaus in die Welt, um dort interessante und nützliche Menschen zu treffen, während ihre Sekretärinnen Innendienst schieben.

Die Einzelkämpferin

Es gibt eine Alternative zur virtuellen »Ich-weiß-genau-was-du-meinst-Welt«: Gerade am eigenen Arbeitsplatz, im eigenen Unternehmen, im direkten Dialog lässt sich wunderbar netzwerken. Das Gute liegt wie oft so nah, und hier ist der Nutzen auch am unmittelbarsten und am größten. Schon allein unter den Sekretärinnen in derselben Firma bietet sich ausreichend Gelegenheit. Das klappt allerdings oft nur leidlich. Trotz Großraumbüro und Teamsekretariat gibt es in diesem Beruf noch überraschend viele Einzelkämpferinnen. Sie sitzen auf Positionen mit so genannter Schnittstellenfunktion, sind aber doch oft mehr oder weniger isoliert vom Rest der Arbeitsumgebung, gewollt oder ungewollt – irgendwo in der Zwischenwelt, in einem Job, der sich nicht jedem sofort erschließt, in einem Büro nah am Chef, wo der normal veranlagte Mitarbeiter nicht allzu oft hin möchte. Man sollte also meinen, dass die Wesen dieser Zwischenwelt sich zusammentun, einem natürlichen Bedürfnis nach Solidarität nachkommen. Doch selbst untereinander bleiben sie oft Einzelkämpferinnen: Wie oft werden Informationen, die auch andere Sekretärinnen zum »Mitdenken« und »Entlasten« brauchen, eben nicht weitergegeben (»Wo Ihr Chef ist? Der ist doch mit meinem Essen gegangen, war so geplant. Ach, hat man Ihnen das nicht gesagt?«). Wie oft rufen Sekretärinnen direkt einen Chef an, und zwar an dessen Sekretärin vorbei? Wo doch das oberste Gebot unserer Zunft lautet:

Sekretärin an Sekretärin, Chef an Chef. So gehen unterwegs keine Informationen verloren, und im Zweifel werden Zeit und Geld gespart. Die Regel ist so einfach, wird aber oft gebrochen. Nichts mit Netzwerk. Wie kommt das? Denkt man tatsächlich und schlicht nicht mit, oder wenn doch, dann eher wie der eigene Chef und eben nicht wie die eigene Kollegin, wo doch das eine das andere nicht ausschließen muss? Neidet man einander Informationen? Wenn man die schon in der eigenen Firma vorenthält, dann nutzt auch das beste virtuelle Netzwerk nichts. Es herrscht unter Frauen mitunter ein verdeckterer, aber härterer Konkurrenzkampf als unter Männern, und man wundert sich mancherorts, wie wenig Sekretärinnen in ein und demselben Unternehmen zusammenhalten gegen die männliche Übermacht. Da stehen wir uns oft wirklich höchst unsolidarisch selbst im Weg und verwässern unser gemeinsames Image gewaltig. Was ist mit unseren Schwestern im Geiste? Nicht nur die anderen Sekretärinnen, auch die Praktikantin des stellvertretenden Bereichsleiters Debitorenbuchhaltung, die Karrierefrau aus dem Marketing mit Uni-Professur als Jobalternative, die Kantinenfrau mit Tischlerlehre oder die Vorstandsassistentin fernab in der Holding – sie alle verdienen Achtsamkeit, denn man muss sich gegenseitig nützlich sein, wenn man einigermaßen mit den Männern mithalten will. Freundlichkeit kostet nix, ist aber viel wert. Was hat eine Sekretärin zu verlieren, wenn sie ein paar Kolleginnen bei der nächsten Mail in Kopie setzt? Einfluss oder gar Macht? Nein, niemand nimmt uns die Butter vom Brot, solange es weitaus fettere Schnittchen gibt.

Alternativen zum Damengrüppchen

Zu einem richtig guten Netzwerk gehören vor allem aber auch Männer, alles andere wäre ja langweilig. Das ist in unserem Job zugegebenermaßen recht schwierig, genauso erfolgreich könnte eine Kindergärtnerin oder Fußpflegerin Ausschau nach einem männlichen Kollegen halten. Und dennoch gilt: Wirklich horizonterweiternd sind meistens die Menschen, die weit weg sind vom eigenen Tellerrand, die etwas haben, was einem selbst fehlt. Und als Sekretärin hat man mehr als in jedem anderen Job breit gefächerte Kontakte zu Leuten, auf die genau das zutrifft – Controller, Werber, EDV- und PR-Leute, Buchhalter, Juristen, Personaler, die Frau am Empfang und der Mann in der Küche. Sie alle haben zwei

Ohren und sind ansprechbar, auch wenn man gerade nichts von ihnen will, weil der Chef gerade nichts von ihnen will. Wer sollte einem sonst Eigenkapitalquoten, E-Shots, Eherecht und Eierstich erklären? Mein Chef findet es toll, dass ich mich so gut mit dem Wirtschaftsprüfer verstehe, und wer weiß, wann ich noch einmal einen Juristen brauche? Vorsicht ist bei diesem Netzwerk allerdings dann geboten, wenn es dem des Chefs Konkurrenz macht, wenn die Sekretärin aufgrund ihrer Drähte ins Unternehmen hinein mehr erfährt und beeinflussen kann als der Chef selbst. Ihm mag es durchaus nützen, aber er beäugt es auch skeptisch. Wann ist es zu viel des Guten, wo hört das Sekretariat auf, und wo fängt das Management an? Als Sekretärin muss man wissen, wo der Vorhang fällt im Übergang zwischen Business und Economy, und es gibt viele Chefs, die es lieber sehen, wenn ihre rechten Hände untereinander rege netzwerken, aber bitte nicht darüber hinaus in seinem eigenen Revier. Das gilt es zu berücksichtigen.

Das heißt aber nicht, dass wir auf diesen Einfluss gleich ganz verzichten müssten und uns stattdessen nur unter unseresgleichen tummeln müssen, immer in der Kantine zusammensitzen, regelmäßig auf der Weihnachtsfeier in ebensolchem Damengrüppchen zusammenstehen, wo es doch noch so viele andere Menschen auf der Welt gibt. Kein Chef würde sich ausschließlich mit Abbildern seiner selbst umgeben wollen. Er würde ja sonst todunglücklich, was sehr unnützlich ist.

Was er nicht mag

Angst

»Mögen sie mich hassen, wenn sie mich nur fürchten« – aus der Sicht des Chefs auf die Konkurrenz im selben Marktsegment ist dieser Spruch vielleicht zutreffend, oder auf die Vorstandskollegen mit den unbedeutenden Ressorts am Ende des Flurs, aber nicht auf die Sekretärin im eigenen Büro. Denn die ist viel zu nah an ihm dran, als dass Furcht produktiv sein könnte. Im Gegenteil, die Sekretärin ist für seine emotionale Software zuständig: Jeder Chef will ein bisschen anerkannt, verstanden, geliebt oder ausgepeitscht werden, und dabei will er vor allem eins, eine etwas betulich anmutende Eigenschaft – Ehrlichkeit, möglichst ungefiltert. Die ist kostbar, weil selten. Arbeitsverhältnisse sind heute offener, kollegialer und partnerschaftlicher als früher oder geben sich zumindest diesen Touch. Angst ist da fehl am Platze, ist wie eine Vollbremsung auf der Autobahn. Sie baut Selbstaggressionen auf, schafft Distanz zum Chef und verspielt für die Sekretärin kostbare Möglichkeiten der Einflussnahme. Wer mag sich schon gerne leiden, so buckelnd und mit eingezogenem Kopf hinterm Schreibtisch? So verliert man seinen eigenen Charakter, und wie soll man sich dann noch um den viel wichtigeren Charakter im Büro nebenan kümmern?

Das Ergebnis von Angst sind Panik oder Paralyse, Frust oder stille Demut, Chaos oder Jasagertum. Das ist für einen Chef wie ein Monopoly-Spiel mit Fünf-Euro-Scheinen: Es macht ihm schlichtweg keinen Spaß. Und statt die Angst und das schweigsame Nicken zu hinterfragen, spielt er eben damit, nutzt es aus, denn für ihn ist die Angst kein Signal, sondern ein Zugeständnis.

Es ist wie mit dem Frustriertsein: Es steht einem nicht gut, zeugt von einem Problem, das man hat und nicht löst. Und bedrückte Gesichter freuen immer die Falschen. So einfach ist das – aus männlicher Sicht. Fazit: weniger Wertschätzung, mehr Arbeit.

Wie spannend ist es dagegen, ein herzerfrischendes, spontanes »Nein« zu flöten, wenn der Chef eher zu sich selbst sagt: »Da habe ich doch wohl recht, verdammt noch mal!« Wer kann das schon? Andererseits lässt sich durchaus ein »Ja« sagen, wenn man »Nein« meint – Flugbuchungen für eine in sechs Wochen stattfindende Reise lasse ich durchaus erst einmal liegen, wenn ich weiß, dass spätestens in zwei Tagen sowieso wieder komplett umgebucht wird – das spart Arbeitszeit und Nerven. Wenn er mich fragt, sage ich: »Ja, ja – wir sind dabei«, und schon bin ich mit einem Tausender im Monopoly-Spiel.

Gesundheitsgefährdende Sätze:

»Ja, wenn Sie meinen.«
Hier spricht nicht nur die rechte Hand des Chefs, sondern auch sein eigener Mund. Ein klares »Nein« ist wirkungsvoller, als sich zu zieren, und im Zweifelt gilt: freundliche Ehrlichkeit statt allzu viel anbiedernder Diplomatie, denn die gibt's schon genug im Umfeld.

»Ich hätte gern einen Tag Urlaub, aber wenn das gar nicht geht, ist das auch okay.«
Was soll ein Chef darauf antworten?

»Mein Chef braucht den Bericht! Jetzt! Helfen Sie mir bitte, sonst bringt er mich um.«
Solche Äußerungen Dritten gegenüber hören sich an wie der abgesetzte Notruf eines verschütteten Lawinenopfers auf 4.000 Meter Höhe und sind im eigenen Interesse und dem des Chefs zu vermeiden.

Umständlichkeit

Generell gilt: Wenn der Chef schnell ist, braucht er auch eine schnelle Sekretärin. Wenn er es nicht ist, erst recht. Schnelligkeit, sofern sie nicht auf Kosten der Qualität geht, kann zunächst einmal nichts schaden. Männer zum Beispiel bewegen sich gern schneller, weil das Dynamik und idealerweise große Beweglichkeit im Geiste vermittelt, wenn auch die wenigsten so schnell denken wie sie gehen. Geschwindigkeit ist ein typisch männlicher Wert. Dies ist schon einmal die erste, wirklich profane Regel: Unsicherheit und Zögerlichkeit, die mitunter gerade Sekretärinnen in dominanter, männlicher Arbeitsumgebung oft entwickeln, sollten sich niemals auf die Gangart auswirken.

Selbst wenn man allzu eifrigen und hektischen Chefs besser mit einer besonnenen Entschleunigung begegnet, so sollte dies jedoch niemals in Umständlichkeit ausarten. Denn Chefs reagieren geradezu allergisch auf jegliche Art von Zögerlichkeit und holen dann immer wieder gerne ihre alte Stempelsammlung heraus: »Mein Gott, ist die kompliziert«, »Die denkt nicht mit«, »Ich mach's lieber gleich selbst«. Das kann in Dialogen wie dem folgenden begründet liegen:

»Können Sie mal die E-Mail-Verteiler, auf denen ich hier im Haus drauf bin, angucken und überarbeiten lassen? Ich stehe in viel zu vielen Verteilern, und dann auch noch ganz hinten. Das geht nicht. Das müssen wir alles mal neu organisieren.«
»Ja, wenn Sie meinen. Das ist aber viel.«
»Sag ich ja.«
»Welche Verteiler meinen Sie denn genau?«

»Alle.«

»Wollen Sie von allen Verteilern herunter?«

»Nein, natürlich nicht. Das müssen wir dann sehen. Meine Direct Reports müssen mich natürlich nach wie vor in Kopie setzen.«

»Bei jeder Mail, die die schreiben?«

»Herrje, nein, nur bei denen, die unmittelbar das Ressort betreffen.«

»Ja, da kann ich die ja gleich außen vor lassen.«

»Wie auch immer.«

»Aber auch bei denen möchten Sie ja von einigen Verteilern herunter?«

»Jaaaa.«

»Soll ich das irgendwie alles nach Bereichen oder eher alphabetisch nach Absendern ordnen?

»Raus.«

Hier sieht man sehr schön, dass eine an sich einfache Aufgabenstellung in einem Problem mündet, da Frau eine gewisse Kompliziertheit erahnen lässt. Es werden sehr, sehr weite Denkschleifen gezogen, jede einzelne wird nicht nur gedacht, sondern auch ausgesprochen, meistens in Form einer Frage. Pragmatismus sieht anders aus. Männer möchten in solchen Momenten töten. Denn sie selbst lassen selbst bei völliger Ahnungslosigkeit nie auch nur den Schimmer einer Unsicherheit aufkommen, merken sich lediglich das zu erreichende Endergebnis, sagen »Alles klar« und überlegen sich anschließend, wie das überhaupt mit der Umsetzung aussehen könnte.

Umwandlung gesundheitsgefährdender Sätze:

»Da muss ich aber erst mal schauen.«	➜	»Ich melde mich.«
»So schnell geht das aber nicht.«	➜	»Ich melde mich spätestens übermorgen dazu.«
»Wie soll ich das denn machen?«	➜	»Ich schau mal, wie man das hinkriegen kann.«
„Ich weiß nicht, …«	➜	»Da ist nur noch ein offener Punkt:…«

Ignoranz – vom Unterschied zwischen Nicht-wissen-Können und Nicht-wissen-Wollen.

»Das weiß ich auch nicht.« Dieses Bekenntnis hört man oft am anderen Ende der Leitung. Es kommt ohne Einleitung, ohne Erklärung, und die Schlussfolgerung ist ja sowieso überflüssig. Die Aussicht auf eventuell anfallende Arbeit wird postwendend an den Absender zurückgeschickt. Natürlich ist ein »Keine Ahnung« durchaus angebracht bei Fragen wie »Wo habe ich zu Hause meinen Schlüssel liegen gelassen?« oder »Wie ist der Rhesusfaktor meiner Frau?« Für alle anderen Wissenslücken des Lebens gibt es heute das Internet, so dass auch Fragen wie die nach der geschätzten Anzahl politischer Gefangener in Nicaragua durchaus berechtigt anmuten und eine schnelle, informative Antwort verdienen. Es gibt jedoch Sekretärinnen, die Hase heißen, die das verbale Rollgitter mit der Aufschrift »Weiß ich auch nicht« bereits bei der Frage nach der E-Mail-Adresse des Produktionsleiters im Nachbarort herunterfahren, wo sie doch seine Telefonnummer haben. Kein »Ich rufe da mal eben an«, »Ich kläre das«, kein »Vielleicht kann ich Ihnen anders helfen« oder »Aber ich kenne da jemanden ...«.

Natürlich, wer nichts sagt, sagt auch nichts Falsches, wer nichts macht, richtet auch nicht viel an. Wer nichts durchliest, besteht den Lügendetektor-Test bei der Frage »Ja, haben Sie das denn nicht gewusst, konnten Sie da nichts machen?«

Aber wo bleibt das Engagement? Man möchte eine Fahndung ausschreiben. Hört man als Sekretärin irgendwann damit auf, schaltet einfach einen Gang herunter, weil man im Laufe der Zeit feststellt, dass man mit weniger Mühe denselben Job und dasselbe Gehalt behält wie mit mehr Mühe? Hat man es irgendwann nicht mehr nötig? Es ist wie mit der Freundlichkeit. Sie ist ein kostenloses Goody, ein idealer und kostbarer Wert, der das Leben angenehmer macht. Aber leider geht es eben auch ohne, und das muss rein finanziell keinen Unterschied machen.

Wozu also Reserven für Engagement und Freundlichkeit aufwenden, wenn der Chef diese nicht explizit verlangt? Berufliches Fortkommen oder gar Karriere mit einem ordentlichen Gehaltssprung sind im Sekretariat irgendwann ausgeschöpft, und die Bezahlung ist über alle fachlichen und menschlichen Qualitätsstufen hinweg erschreckend einheitlich. Das Engagement ist immer eines der Einstiegskriterien, aber das Gegenteil davon leider nicht unbedingt Ausstiegskriterium.

Es kommt noch etwas anderes hinzu, was vielleicht noch stärker wiegt: Wenn man ständig nach Vorgabe arbeitet, immer nur den Ball auffängt, der einem zugeworfen wird, verlernt man irgendwann das Werfen und richtet sich in einer kleinen überschaubaren Welt ein, ohne dass es allzu vieler Aktionen bedarf – die dann im Übrigen auch niemand mehr von einem erwartet. Damit entmündigt man sich selbst, und das ist ganz schön traurig, da doch der Chef glaubt, ein Macher zu sein, der natürlich einen Macher um sich herum braucht.

Gesundheitsgefährdende Sätze:
»Keine Ahnung.«
»Das weiß ich auch nicht.«
»Damit habe ich nichts zu tun.«
»Da müssen Sie meinen Chef fragen.«
»Da war ich gerade nicht da.«
»Keine Ahnung.«
»Wieso fragen Sie mich?«
»Ich bin hier nur die Sekretärin.«
»Natürlich war das Auto ohne Vollkaskoversicherung mit Selbstbeteiligung gebucht. Wenn Sie das wollen, müssen Sie mir das sagen.«

»When too perfect, lieber Gott böse.«

Frauen, egal in welchem Job, stolpern gern in die Perfektionismus-Falle, weil sie ganz einfach mehr und länger denken als Männer, schneller problematisieren und anschließend schneller optimieren wollen. Dabei fangen sie selbstzerstörerisch bei sich selbst statt bei anderen an. Es geht schon morgens vorm Spiegel los, wir kennen das. Als Nächstes kommt dann die Welt dran, die es zu verbessern gilt.

Das eigentlich Interessante ist jedoch, dass Perfektionismus unterschiedlich ausgelebt wird: Frauen in Führungspositionen glauben, doppelt so viel und doppelt so gut arbeiten zu müssen, um mit den Männern in den noch größeren Büros mithalten zu können. Letztere wiederum reklamieren den Perfektionismus ebenso für sich: »Natürlich bin ich Perfektionist – der 100-Prozent-Typ eben, durchsetzungsstark, charismatisch, klug, fünf Zeitungen am Tag, und fit, fünf Kilometer Laufband jeden Morgen und drei Urlaube im Jahr. Was ich mache, mache ich richtig.« Männer zelebrieren ihren Perfektionismus, reden mehr darüber, als dass sie ihn leben, und lassen dabei den Rest der Welt außen vor. Frauen arbeiten sich an ihm ab, besonders die im Sekretariat – nur dass der Perfektionismus hier andere Namen trägt: Gewissenhaftigkeit, Fleiß, Umsicht, Genauigkeit, Belastbarkeit, Flexibilität. Das hört sich alles furchtbar brav an. Und drei Urlaube im Jahr sind auch nicht drin. Man sollte gerade hier nicht allzu viel Energie auf den Perfektionismus verwenden, denn er kostet Zeit, fällt oft noch nicht einmal auf und wirkt im Sekretariat eher kleinkariert. Außerdem gibt es Probleme, mit denen man wunderbar leben kann, wenn man einfach anerkennt, dass sie nicht gelöst werden können.

Und wenn der Geschäftsfreund des Chefs 20 Minuten auf seinen Kaffee warten muss, nur weil die Thermoskanne eine kleine Beule hatte und perfektionsbeseelt gegen eine andere, noch beizubringende ausgetauscht werden musste, dann wird er nicht denken: »Oh, was für eine schöne, perfekt polierte Kaffeekanne«, sondern eher: »Scheiße, wo blieb die denn so lange mit dem Kaffee? Jetzt sind wir fast fertig.«

So mancher Chef ist mit einer allzu perfekten Sekretärin und deren Ernsthaftigkeit auch klar überfordert, weil sie ihm Stress macht und ein echter Spielverderber sein kann: Wenn er zehn Tage vorm Fest in fröhlicher und gelassener Unvollkommenheit die fünf Unterschriftsmappen mit den Weihnachtskarten noch zwei Tage liegen lässt, wird er nicht verstehen, dass sie dann so guckt, als seien ihre Gehaltszettel der nächsten zwei Jahre in den Mappen.

Gesundheitsgefährdende Sätze:
»Sie müssen jetzt unbedingt, aber wirklich …«
»Sie haben sich das gar nicht richtig angeguckt!«
»Ich kann das nicht parallel auch noch machen.«
»Ich kann heute nicht mit ins Kino. Mein Chef hat noch eine Sitzung, und ich möchte noch da sein, wenn er wiederkommt. Man kann nie wissen.«
»In welche Schriftgröße setze ich die Uhrzeiten im Reiseplan, und sollte ich vielleicht die Kopie für seine Frau auf Rosé-Papier ausdrucken?«

Zickenkrieg, Stutenbeißen und andere tierische Sportarten

Gesundheitsgefährdender Dialog:

»Guten Tag, Büro Herr Häuser. Herr Häuser hätte gern Herrn Dr. Vogt gesprochen.«

»Herr Dr. Vogt ist im Meeting.«

»Die beiden hatten einen Telefontermin für 11.00 Uhr vereinbart.«

»Davon weiß ich nichts.«

»Könnten Sie das vielleicht kurz klären?«

»Ich kann da jetzt nicht stören. Tut mir leid.«

»Ich denke, es ist dringend. Ist es ein internes Meeting?«

»Ich sagte doch, ich kann da jetzt nicht stören. Das müssen Sie schon mir überlassen. Können wir uns in 20 Minuten bei Ihnen melden?«

»Dann ist meiner im Meeting. Das geht nicht.«

»So kommen wir wohl nicht weiter.«

»Wir halten uns nur an den Termin.«

»Aber das geht jetzt nicht. Ich schreibe mir jetzt Ihre Telefonnummer auf.«

»Sie haben unsere Nummer. Also zumindest Ihr Chef.«

»Aber ich nicht.«

»Hören Sie, es ist dringend. Sind Sie neu?

»Das tut hier wohl nichts zur Sache. Ich mache hier nur meinen Job.«

»Was glauben Sie, was ich tue. Ich rufe in fünf Minuten wieder an.«

»Das wird Sie nicht weiterbringen. Soll ich kurz mit Ihrem Chef sprechen?«

»Sie müssen schon mit mir vorliebnehmen.«

»Ah, ja.«

Leider kann man Stimmlage und Tonfall nicht textlich darstellen. Aber man mag sie sich aus eigener Erfahrung vielleicht lebhaft vorstellen, denn verbale Kampfszenen und Machtspielchen wie diese ereignen sich tagtäglich in deutschen Büros. Die Chefs bekommen sie oft gar nicht mit. Herr Häuser und Herr Dr. Vogt mögen nette, nichts ahnende, zeitlich flexible Zeitgenossen sein, die sich nicht groß Gedanken darüber machen, was ihre Sekretärinnen da so an Negativenergie durchs Telefon schicken. Und wenn doch, dann mag das für sie nichts weiter sein als eine typisch weibliche Zankerei, die hingenommen wird wie ein unbedeutendes kleines Tief, das Mathilde oder Renate heißt und sich schon irgendwann wieder verziehen wird. Es fehlen der Blick und die Zeit, um sich damit auch noch zu beschäftigen. Als hätte man sonst nichts zu tun. Außerdem ist der Chef erst einmal Nutznießer, wenn die Sekretärin durchsetzungsstark wie eine ausgehungerte Löwin mit Schusswunde seine Termine verteidigt und dabei über ganze Friedhöfe geht. Männer gehen da auch zu sehr von sich selbst aus, unterschätzen das Thema ganz klar, im Sinne von »Die werden sich schon wieder vertragen, sollen mittags mal einen Joghurt zusammen in der Kantine essen«. Denn ein Chef sollte bei der Beurteilung seiner Sekretärin immer zwei Kriterien berücksichtigen: »Inwiefern bin ich selbst mit ihr zufrieden?« und »Wie kommt mein Umfeld, also die anderen, mit ihr klar?«

Was ist der Grund dafür, dass Frauen ihre Konflikte manchmal derart giftig ausleben und sich am liebsten die Haare ausreißen würden? Andere rollen diskret mit den Augen und telefonieren nur ungern miteinander. Man sollte zudem meinen, dass es gerade im Sekretariat nicht so viel Macht und Einfluss gibt, um die es sich zu kämpfen lohnt. Aber es ist wie im Leben generell: Je knapper ein Gut, desto härter der Kampf darum. Böse Zungen behaupten, die Sekretärinnen würden ihre jeweiligen Chefs wie die Fahnenträger vorschieben – »Meiner ist wichtig, also bin ich auch wichtig. Ich habe einen Blumenstrauß auf dem Schreibtisch stehen und eine eigene Sitzecke.« Zudem werden Sekretärinnen nur allzu oft über einen Kamm geschoren und haben daher ein reges Interesse daran, wenigstens untereinander kleine, feine Unterschiede herauszuarbeiten und eine Rangordnung aufzustellen. Dabei kommt es mitunter zu ungesunden, kühlen, arroganten Haltungen, da manche Sekretärinnen zusammen mit ihren Chefs abheben. Aber für sie ist der Himmel nach oben nicht offen. Männer betätigen sich auch gern in so genannten Hahnenkämpfen, nur sind sie schneller damit durch, regen sich kurz und heftig auf und gehen dann wieder zur Tagesordnung über. Immer locker bleiben. Frauen gehen mit ihren Konflikten ins Bett und hauen sie morgens mit der Handtasche wieder auf den Schreibtisch. Das ist nicht solidarisch, nicht sportlich, nicht souverän – man sollte sich dabei nicht vom Chef ertappen lassen, der glaubt, dass seine Sekretärin im Lächel-Modus und servicebeseelt durch die Welt flattert. Am besten, man nimmt das Stutengebiss ganz heraus und versucht es mit souveräner Freundlichkeit, die jede Zickigkeit, die einem entgegengebracht wird, im Keim enttarnt und abprallen lässt. Wir alle gestalten die Stimmung, das verkennen wir oft.

Wogegen er machtlos ist

Das Auffinden von schwachen Stellen ist Bestandteil unseres Jobs, um unseren Chef vor sich selbst und vor allem uns vor ihm zu schützen. Und man muss ihn nicht unbedingt schon lange kennen, um zu wissen, wie man ihn kriegen kann, wie man sich geschickt aus der Schusslinie manövriert. Chefs sind auch nur Männer und agieren in der Regel und im Gegensatz zu Frauen plakativer und somit kalkulierbarer. Das macht es einfacher, sie zu lenken. Und das wollen sie ja auch: »Also, ich lasse mich ja komplett von meiner Sekretärin lenken« – da klingt sowohl große Betriebsamkeit als auch großes Delegiervermögen und Vertrauen mit, kommt immer gut, wenn man das als Chef so sagt. Das kann er haben. Lenken wir ihn also, und er sagt ja auch selten, in welche Richtung. Um ihn dahin zu kriegen, wo man ihn hin haben möchte, braucht man im Zweifel nur einen guten Mix aus einem überschaubaren Waffenarsenal:

Wissen – die Basiswaffe

Wissen ist Macht. Leider wird es im Sekretariat viel zu selten wirklich abgerufen, da viele Chefs immer noch davon ausgehen, dass wir nicht unbedingt alles von dem verstehen müssen, was unsere Tastenanschläge an sinngebenden Worten fabrizieren oder was auf zu buchenden Reisen verbrochen wird. Und seien wir ehrlich: Wir sind virtuos im Stereo-Arbeiten, und während sich unsere zehn tippenden Finger mit dem Input unseres Chefs zum Thema »Krisenmanagement im Bereich Datensicherung« beschäftigen, ist unser Kopf mit einem ganz anderen Krisenmanagement beschäftigt, nämlich dem, den Kühlschrank für die nächsten drei Tage zu füllen. Im gleichtönigen Stakkato der Finger auf den Tasten beginnt der Geist zu wandern, meistens weg. Die Gedanken sind frei. Wir sind imstande, extrem lange Schriftstücke fehlerfrei abzutippen, ohne die geringste Ahnung zu haben, worum es darin geht. Wer uns dieses übel nimmt, sollte sich folgende Texte vor Augen führen, die wir mit Knopf im Ohr und 400 Anschlägen pro Minute auf den Bildschirm zaubern, als hätten wir sie uns gerade selbst ausgedacht:

»Unter vollumfänglicher Konzentration auf das Core Business bei gleichzeitiger partieller Neuausrichtung unserer Innovationsstrategien im Bereich der

diagnostischen und interventionellen Fluoroskopie konnte unter Berücksichti-
gung entsprechender Risk-Share-Szenarien ein EBITDAR von 52,1 Mio. €
(Vorjahr: 44,1 Mio. €) erreicht werden. Das EBITDA stieg auf 18,3 Mio. €
(Vorjahr: 12,7 Mio. €) und das EBIT auf 6,8 Mio. € (Vorjahr: 4,4 Mio. €)
sowie das EBT auf 3,0 Mio. € (Vorjahr: - 2,1 Mio. €).«

Es geht auch technischer:

»Es kommt zu Störthermen der Akzeptoratome knapp oberhalb der Valenz-
bandkante, wobei zur Herstellung der fehlenden vierten Elektronenpaarbindung
des Akzeptoratoms durch ein Valenz-Elektron aus einer Paarbindung eines
Nachbaratoms die geringe Energiedifferenz Delta WA nicht ausreicht.«

Und jetzt fragen Sie mal Ihren Chef, warum eigentlich das Valenz-Elektron bei Delta WA keine Paarbindung eingeht, wo es doch aus der Nach-
barschaft kommt. Nein, irgendwann hören wir auf, uns zu wundern
oder zu fragen, ganz einfach weil Finger und Kopf keine Einheit mehr
bilden und es sich überraschenderweise trotzdem so weiterarbeiten lässt.
Manchmal schreiben wir ja auch schon dieselben Texte seit Jahren –
ohne den Elan zu haben, jetzt noch nach all der Zeit unsere Fragezeichen aufzuarbeiten. So mancher Chef ist gar nicht böse darum (»Die
macht einfach, fragt wenigstens nicht immer so viel«).

Sekretärinnen können ganz einfach auch deswegen nicht alles wissen, da sie in der Regel eben nicht an den Meetings teilnehmen und die
Zwischentöne fehlen. Die Zuständigkeit betrifft die Papier- und Daten-
logistik, nicht die kompletten Inhalte. Aber wir kriegen immer noch genug mit, unser Job besteht glücklicherweise nicht nur aus Finanzberich-
ten samt Schachtelsätzen oder wissenschaftlichen Abhandlungen. Im
Tagesgeschäft sollte man genauer hinhören, Dinge durchlesen, hinterfragen. Denn etwas mehr als das Mindestmaß an Wissen über aktuelle
Vorgänge bringt Verständnis für die Nöte der Chefs, damit kriegen wir
einen Perspektivenwechsel hin und können im Zweifel durch unerwar-
tete Kompetenz punkten. Das wiederum dürfte unserem Image guttun,
denn es ist immer noch von Unterschätzung geprägt: In meinem letzten
Buch habe ich als Handlungsschiene einen Börsengang beschrieben.
Viele Leser mutmaßten, dass dieses Buch unmöglich eine Sekretärin geschrieben haben könne, da es »Insiderwissen« beinhalte, die so kein Vor-

zimmerwesen wiedergeben könne. Hallo? Wer, wenn nicht wir, soll denn »Insiderwissen« haben? Wer, wenn nicht wir, sollte denn umgehen können mit dem geschriebenen Wort? Wir sollen immer mitdenken, und wenn wir es dann tun, ist es auch wieder nicht richtig?

Wenn man mehr weiß, als man selbst möchte

Umgekehrt kann Wissen auch kritische Distanz innerhalb eines räumlich und inhaltlich engen Arbeitsverhältnisses schaffen. Das ist gar nicht so schlimm, bewahrt einen als Sekretärin davor, sich mit den Chefs in den unüberschaubaren Höhen des Managements zu verlieren. Es ist zugleich ein heikles Thema, das unsere Kernkompetenzen betrifft: Vertrauenswürdigkeit und Verschwiegenheit. Beide sind Selbstverständlichkeiten und in fast allen Fällen kein Problem. Es kann ein Segen sein, als Sekretärin so nah dran zu sein an den großen oder kleinen Entscheidungen, an der Mailbox des Chefs – aber es kann auch ein Fluch sein. Wenn man Dinge erfährt, die man lieber nicht wissen sollte oder wollte, wenn man ahnt oder gar weiß, dass das »Krisenmanagement« des Chefs nicht »Management aus der Krise«, sondern »Management in die Krise« bedeuten könnte, wird es nämlich brenzlig. Das kann auf allen Hierarchieebenen passieren. Es gibt Sekretärinnen, die das gar nicht merken, andere kommen schwer ins Grübeln.

Viele Chefs haben selbst oft keine Ahnung, was wir alles mitkriegen, oder gehen selbstredend davon aus, dass wir gedanken- und kommentarlos funktionieren. Wo liegen die Grenzen der Loyalität? Was passiert, wenn sich das »Mitdenken« ausnahmsweise gegen den Chef richtet? Und wem vertraut man sich da an, wenn überhaupt: dem Abteilungsleiter, dem Bereichsleiter, dem Vorstand, der Personalabteilung, dem Personalvorstand, dem Aufsichtsratsvorsitzenden, der Bild-Zeitung, der Staatsanwaltschaft? Da wird das Unternehmen schnell zur geschlossenen Gesellschaft mit eingezogenen Köpfen. Nichts sehen, nichts hören, nichts sagen.

Es fängt an mit kleinen Dingen, mittelschweren Dreistigkeiten, die bald in unauffällige Gewohnheit übergehen: Wenn der Chef wieder einmal 2.000 Euro Privatvorschuss aus der Firmenkasse kommen lässt und alle Beteiligten per Beleg und Kopie und Kopie vom Beleg darauf aufpassen müssen, dass diese Summe auch per 28. vom Gehalt abgezogen wird, ist das noch nicht wirklich kritisch. Kritisch ist die Tatsache, dass der Chef selbst nicht darauf achtet, genauso wenig wie er auf die Privatreisen achtet, die er über die Firma abrechnet. Was sagt man da als Sekretärin, ohne gleich einen Touch von Blockwärterin zu kriegen? »Also Chef, das macht man aber irgendwie nicht«? Wohl kaum. Wenn man in der Akte des Chefs die zu demontierenden Kollegen als Galgenmännchen mit handschriftlichen Stärken-Schwächen-Analysen findet, wählt man da als Sekretärin die 110? Nein, tut man nicht. Aber wohl fühlt man sich dabei auch nicht gerade. Und irgendwie ist das alles noch vergleichsweise harmlos, viele von uns kennen ähnliche Geschichten. Die allermeisten erzählen sie nur nicht. So einige von uns würden ihren Chefs das alles auch gar nicht zutrauen. Andere würden ihnen alles zutrauen.

Was macht man als Sekretärin, wenn sich das Gewissen meldet? Es gibt immer Möglichkeiten – und wenn es die Versetzung oder schlimmstenfalls und in letzter Konsequenz die Kündigung auf eigenen Wunsch ist. Aber einen neuen Job muss man erst einmal finden, das ist ein hoher Preis für den unbeschwerten Blick in den Spiegel. Letztendlich bleibt das jeder Sekretärin selbst überlassen. Aber eines steht fest: Ohne Wissen artet Loyalität in Blindheit aus. Hochkomplexe, faule Finanzkonstrukte mögen wir nicht durchschauen. Aber glauben Sie, dass bei so manchem Managementdelikt die letzten und bedenklichen Überweisungsanweisungen vom Unternehmenskonto herunter vom Chef eigenhändig in die Unterschriftsmappe gelegt und in die Buchhaltung getragen wurden?

Die guten alten Waffen der Frauen

Die Kunst, ein »Ja« zu ernten, ohne dass man danach gefragt hat, besitzt nicht jeder. Charme ist angeboren, man hat ihn oder eben nicht. Aber er lässt sich durchaus in Ansätzen antrainieren und gehört gerade im Sekretariat zur Überlebens-Grundausrüstung. Unsere Chefs machen es uns doch vor – außerhalb des Büros und in Anwesenheit Dritter mutieren sie zu reinsten Charmebolzen, zu virtuosen Hochstaplern, die etwas von sich und anderen behaupten, das sie nicht sind, und hoffen, nicht dabei ertappt zu werden. Momente der Wahrhaftigkeit erreichen sie oft nur sekundenweise.

Das kann auch jede Sekretärin. Die Anzahl der zur Auswahl stehenden Rollen, mit denen sie kokettieren kann, ist vielfältig: Schäfchen, Vamp, Kumpel oder eine unauffällige Mischung daraus. Dieses demonstrative Sich-Hineinbegeben ins Stereotyp ist oft die einzige Waffe gegen Männer, die per se nichts halten von Frauen, die meinen, sie hätten etwas zu sagen. Es gibt sie noch zuhauf, und Sekretärinnen haben es da doppelt schwer. Frauen können ganz klar kritischere Fragen als Männer stellen, sticheln, dass es fast weh tut, solange sie dabei entschärfend lächeln und ihr Gegenüber in dem komfortablen Glauben lassen, er sei ihnen überlegen.

Als Sekretärin kann man mit dieser Erkenntnis auch sinnlose Arbeit charmant umgehen, so dass sich der Chef noch bedankt: Wenn man Männer zu etwas bringen will, was sie eigentlich nicht wollen, so muss man sich erst einmal mit ihnen verbünden, mit ihnen über Autos oder alle Arten von Ballspielen reden, lächeln, ihnen beipflichten, ohne sich allzu sehr verbiegen zu müssen. Die charmante Sekretärin hakt sich also erst einmal bei ihrem Chef ein wie dessen bester Kumpel, geht mit ihm vorübergehend in dieselbe, also seine Richtung und sagt »500 Adressdatensätze auf Geburtstage und Hochzeitstage hin überprüfen und erweitern? Sie haben immer so super Ideen, dass ich mich ja fast schämen muss, nicht selbst darauf gekommen zu sein! Und klar, das sollten wir jetzt wirklich mal angehen, fange gleich an.« Aber bevor das Ganze in Arbeit ausartet, hakt sie sich erneut bei ihm ein, aber dieses Mal, um ihn diskret und charmant in die entgegengesetzte Richtung zu lenken: »Da ist nur noch eine Kleinigkeit: Vielleicht wäre es besser, die Daten peu à peu zu erweitern. Wenn ich jetzt 500 Sekretärinnen nach den Geburtstagen ihrer Chefs frage, wollen Letztere womöglich mal wieder mit Ihnen sprechen, und wir wecken schlafende Hunde. Kann ich dann trotzdem durchstellen? Und wissen wir, wie viele sich zwischenzeitlich haben scheiden lassen? Aber ich mache das natürlich gern, da kenne ich ja nix!«

»Hm. Kann stimmen. Nee, lassen Sie das mal erst. Danke für Ihre Mühe und den Hinweis.«

List – Waffe für den Hinterhalt

Die List an und für sich hat ja ein recht negatives Image. Man muss an die Schlange Kaa aus dem Dschungelbuch denken: »Höööör auf miiiich, glaube miiiir, Augen zu, vertraue miiiiir, schlafe sanft, süß und fein, will deine Sekretäääääärin immer sein.« So weit muss es nicht kommen, es gibt harmlosere Mittel der Beeinflussung als den Würge- oder Gifttod.

Die Illusion einer Wahl schaffen

Drängt der Chef spät mit einem Eilauftrag, der eigentlich keiner ist, sollte man eben nicht gleich zum PC stürmen und diesen wieder hochfahren, sondern lediglich sagen: »Selbstverständlich. Gern. Soll ich das morgen früh vor 9.00 Uhr erledigen oder gleich nach der Post ab 10.00 Uhr?«

Positiv konditionieren

Im Dialog nach dem Muster »Was steht heute an?« immer die angenehmen Dinge vor die unangenehmen legen.

Charmant entmystifizieren

Situation: Chef legt Zeitungen mit Umlaufverteiler grundsätzlich erst einmal auf seiner Fensterbank ab und bunkert sie dort für die nächsten Wochen. Leider will er aber selbstverständlich ganz oben auf der Verteilerliste stehen. Grund: Zeitknappheit im besten Fall, meistens jedoch Bequemlichkeit und Ignoranz.

List: Im Beisein von Kollegen: »Oh, darf ich mal kurz an den Stapel da auf der Fensterbank? Mein Gott, der nimmt ja bald Tageslicht weg! Herr Müller möchte da einen Artikel kopiert haben, der super spannend sein soll. Irgendwie hat der Umlauf ihn wohl nicht erreicht.«

Bemerkung zur Schlagfertigkeit

Was eine Sekretärin an Sprüchen mitbekommt, würde jedem Kneipenstammtisch Konkurrenz machen können. Oft genug ist ihr allerdings eher zum Weinen als zum Kontern zumute. Die Schlagfertigkeit ist in unserem Job so eine Sache. Zudem kann man sich nicht auf sie verlassen, da sie nicht immer kommt, wenn man sie in extrem brenzligen Situationen braucht, sondern oft erst 24 Stunden später. Für verbale Schnellschüsse hat auch nicht jede Sekretärin ein Talent, Ton und Wortwahl müssen haargenau stimmen, vor allem, wenn das Eis, auf dem sie sich bewegt, recht dünn ist und der Chef ein Raubein und/oder Choleriker ist und absolut kein Faible für kecke Sprüche hat, auch wenn er sie selber gerne bringt.

III. DAS RISK MANAGEMENT

8. Krise – wenn die Luft raus ist

Je besser wir sind, desto besser werden die Menschen um uns her.
Chef
Das gilt auch für das Gegenteil.
Sekretärin

»Was hat sie bloß schon wieder?« – die ersten Anzeichen

Eine meiner Arbeitskolleginnen hat einmal gesagt: Beim Vorstellungsgespräch glauben wir, einen prächtigen, leuchtenden Weihnachtsbaum
in voller Montur zu bekommen. Sechs Monate später ist das Lametta
weg, die Kugeln beschlagen und die restlichen Leuchtbirnchen haben
einen Wackelkontakt. Nur die Nadeln sind noch da. Das wird natürlich
auch so mancher Chef von seiner Sekretärin behaupten, das Bild gilt für
beide Seiten. Es ist eben wie im richtigen Leben – irgendwann schleichen sich Alltag und Gewohnheit ein, wir werden zu Netto-Menschen,
lassen das bemühte Upgrading der eigenen Person aus Energiespar-
gründen einfach peu à peu weg.

Phase 1 – das Ende der Eifrigkeit: Türen werden plötzlich nicht mehr
offen gehalten, Wörter immer seltener in ganzen Sätzen oder gar nicht
verwendet, und die Lautstärke erreicht neue Intensitäten, ihre Perspek-
tiven wandern in die Ablage, wenn sie nicht gerade danach fragt. Es wird
am Extra-Service gespart (keine Kekse mehr bei internen Meetings).
Auf dem Umschlag mit dem Etix-Ticket und dem Reiseplan steht
plötzlich nicht mehr »Gute Reise«, sondern einfach nur ein Kürzel. Was
dann noch übrig bleibt, mag man entweder erst recht oder eben nicht.
Im zweiten Fall arrangiert man sich zumeist, richtet es sich halbwegs

8. Krise – wenn die Luft raus ist

konfliktfrei und unauffällig in bequemen Gewohnheiten ein. Oder man sucht sich einen anderen, passenderen Netto-Menschen. Nur sind die oft schwer zu erkennen, wenn man vor lauter Lametta die Nadeln nicht sieht.

Phase 2 – Augen zu und durch: Ehe man es sich versieht, holpert es plötzlich im Miteinander. Es müssen dabei nicht gleich Tränen fließen oder Untertassen fliegen. Vielmehr handelt es sich um einen schleichenden, unschönen Prozess, eine seltsame Mischung aus bockigem Widerstand und gleichgültiger Niedergeschlagenheit – eine gefährliche Mischung. Bei der Hotelbuchung wird ein Sternchen übersehen, Mietwagen fast schon sabotiorenderweise ohne Winterreifen gebucht, oder die kollegiale Geldsammlung für den Chef-Geburtstag wird schlicht vergessen bei all der Arbeit, keine einzige Kerze wird jemals wieder brennen. »Was hat sie bloß jetzt schon wieder?« In solchen Situationen steht der Chef kurz vorm Beitritt in eine Selbsthilfegruppe, wenn es die denn gäbe, oder er geht mit geradezu stoischer Gedankenlosigkeit einfach darüber hinweg. Mir fällt kein einziges Managementprojekt ein, dessen Scheitern man so passiv zugesehen hätte. Plötzlich »zickt« sie, und Mann geht damit um wie mit einer unvorhersehbaren und völlig unabwendbaren Viruserkrankung: Symptome statt Ursachen behandeln, irgendwie durchstehen, immunisieren. In jedem Fall beansprucht er für sich Platz 2 der Opferrolle und beschwert sich bitterlich an dritter Stelle, obwohl er doch alle Hebel in der Hand hat, etwas zu ändern. Platz 1 ist meistens schon von seiner Sekretärin belegt, denn es wird mehr von unten nach oben als von oben nach unten gelitten.

Wenn Männer völlig hilflos, staunend und kopfschüttelnd mit ansehen, wie in der Zusammenarbeit mit ihrer Sekretärin langsam die Luft herausgeht, kann das wie folgt aussehen, denn manchmal offenbart sich das ganze Elend im Sekretariat erst im abendlichen Gespräch mit der Ehefrau:

»Ich hatte heute Frau Müller bei dir am Telefon. Die klang etwas gestresst, fand ich.«
»Ach hör mir auf.«
»Ja, was ist denn? Hast du Probleme mit ihr?«
»Die ist schon seit längerem so komisch. Irgendwann hat die einfach aufgehört,

fröhlich zu sein. Ich kann mich aber nicht auch noch um ihr Leben kümmern.
Weißt du, was das für ein Stress ist, wenn da permanent jemand nebenan
sitzt, der seine ganze berufliche Daseinsberechtigung aus dir und deiner Person
schöpft? Die nimmt alles persönlich. Die überfordert mich.«
»Das ist ja ganz schlimm. Hast du schon einmal mit einem Kollegen darüber
gesprochen? Die anderen haben doch auch Sekretärinnen. Vielleicht arbeiten
die ja sogar für die mit?«
»Solche Vorschläge können auch nur von dir kommen. Mit einem anderen in
der Firma über die Probleme reden, die ich mit meiner Sekretärin habe? Wie
peinlich ist das denn? Als könnte ich mit so etwas nicht allein fertigwerden.«
»Offenbar ja wohl nicht.«
»Das fängt schon morgens an. Wenn ich ins Büro komme, dann guckt die
mich gleich schon so erwartungsvoll an, als wäre ich ihr Personal Trainer im
Animationsclub. Und wenn ich dann nicht klar und deutlich und nett »Guten
Morgen, Frau Soundso« sage, dann ist der Tag für die gelaufen und für mich
gleich mit. Wie kann man so empfindlich sein? Ich bin doch nicht erst seit
gestern ihr Chef. Die müsste mich doch mittlerweile zu nehmen wissen.«
»Kannst du dir nicht ein bisschen mehr Mühe geben?«
»Ich bin Chef. Schluss. Punkt. Aus. Fürs Mühegeben werde ich nicht bezahlt.«
»Vielleicht hätte sie einfach nur gern ein paar Informationen mehr. Kann ich
ja gut nachempfinden ...«
»Hör bloß auf. Die weiß doch schon alles. Fängt aber trotzdem nichts damit
an. Weißt du eigentlich, was das für ein Gefühl ist, wenn da jemand deine
ganzen Mails lesen kann? Wenn du mich in deinen Mails mit »Schnucki«
anredest, dann sieht die das!«
»Aber die macht doch sonst auch viel für uns privat. So schlimm ist das doch
nicht.«
»Hast du eine Ahnung, wie die guckt, wenn ich ihr unsere Arztrechnungen
hinlege? Dann tut die gerade so, als müsste sie jetzt ins nächste Fürstentum
reiten. Und richtig ordentlich macht sie das dann auch nicht, irgendwie lustlos.
Aber wenn ich Krämer nicht sofort zurückrufe, dann steht die fünf Minuten
später vor meinem Schreibtisch und klopft auf die Uhr, als würden Schicksale
und Menschenleben daran hängen! Das musst du dir mal vorstellen! Und
wenn ich dann sage ›Jetzt nicht, verdammt noch mal‹, dann nimmt die das
glatt persönlich.«
»Hast du schon mal mit ihr darüber gesprochen? Die ist doch eigentlich ganz
nett so am Telefon.«

»Die überfordert mich, kann im Gespräch nur schlimmer werden. Da muss man sich erst mal reindenken, fast unmöglich. Und nachher fängt die noch an zu weinen. Hast du eine Ahnung, wie das ist, wenn deine Kollegen deine Sekretärin mit roten Augen über den Flur rennen sehen? Das fällt auf mich zurück. Das sieht so aus, als hätte ich irgendetwas ganz Schlimmes mit ihr gemacht. Aber ich bin doch kein Unmensch!«
»Nein, nicht immer, aber du musst mit ihr reden.«
»Ich guck mal. Vielleicht kriegt die sich ja auch so wieder ein. Das muss die doch auch von alleine merken.«

Sollte es zu einer »Zusammenarbeit« kommen, wie oben geschildert, ist es praktisch schon zu spät. Chef und Sekretärin sind zu einer rein organisatorischen Gemeinschaft geworden, die nur noch den Teppichboden und den Namen des Arbeitgebers gemeinsam haben. Den Blick mit etwas mehr innerem Abstand vom Geschehen oder gar den Perspektivenwechsel werden beide nicht mehr hinbekommen, und es findet sich immer ein Anlass, der so interpretiert werden kann, dass er ins schlechte Bild passt. Jeder Tag bringt ein Steinchen mehr auf die Mauer.

Phase 3 – die Krise: Es kommt zu ichhaften Reaktionen wie oben geschildert, zu Kriegsnebenschauplätzen, zu einseitigen Schuldzuweisungen, die nicht offen der betroffenen Person gegenüber ausgesprochen werden und die daher niemandem weiterhelfen – bis der Kragen platzt. Aber so ein Kragen kann sich erstaunlich lange halten. Manche tragen ihn selbst im geplatzten Zustand noch weiter. Die Krise erwischt einen immer auf dem falschen Fuß. Immer, wirklich immer. Als hätte man nichts anderes zu tun. Das ist kein Zufall – das ist ihr Wesen. Ganz schlimm ist es, wenn das, was für die Sekretärin »Krise« bedeutet, für den Chef »der ganz normale Wahnsinn« ist. Er hat da mitunter einen erstaunlich langen Atem, während sie hyperventilierend die Ordner in den Schrank knallt. Bei genauerem Hinsehen sind Krisen immer etwas Relatives. Man nennt es auch das »Prinzip der relativen Scheiße«: Was für den einen ein Alptraum ist, muss für den anderen noch lange keiner sein. Das macht die Sache nicht einfacher, und man kann ja schon froh sein, wenn beide Seiten wenigstens eine halbwegs identische Auffassung von »Hier-stimmt-was-nicht« haben.

Es ist erstaunlich, dass selbst in Phase 3 so manche Führungskraft immer noch nicht führt, sondern aussitzt – es gibt ja immer noch andere Baustellen, mit denen man insbesondere folgende Frage umschiffen kann: Warum klappt es nicht mehr zwischen meiner Sekretärin und mir? Liegt es an mir selbst, an ihr oder an der Kombination? Die gute Nachricht: Manchmal liegt es tatsächlich an ihr. Die schlechte: Die Verantwortung dafür trägt in jedem Fall er. Irgendwo muss ihm ein Fehler unterlaufen sein, bei der Auswahl, bei der Kommunikation, bei der Motivation. Und in jedem Fall muss er aktiv werden, und das möglichst schon bei den ersten Anzeichen einer womöglich länger anhaltenden Verstimmung. Denn wir Sekretärinnen haben keinen eingebauten Akku, der sich wieder auflädt.

Demotivation kann dem Chef auf zweierlei Art gefährlich werden: Jeder Arbeitgeber wünscht sich eine große Arbeits- und Unternehmensidentifikation. Aber er lässt häufig außer Acht, dass Arbeitnehmer, die beides besitzen, in Zeiten der Demotivation genauso schädlich für den Vorgesetzten oder gar das Unternehmen sein können, wie sie vorher nützlich waren. Sekretärinnen, die sich per se nicht stark identifizieren, denen vieles aus Selbstschutz egal ist, verzeihen Demotivation eher. Sie machen um 17.00 Uhr Feierabend und gehen zum Sport. Sie treffen die Entscheidung, sich schweigend und unauffällig aus dem Unternehmen zurückzuziehen, um ihre Lebensqualität anderweitig zu steigern. Chefs mögen weniger von solchen Frauen profitieren, aber sie überleben es. Sich hoch identifizierende Sekretärinnen dagegen erfahren bei Demotivation eine Sinnkrise, schreiben um 19.00 Uhr eine Mail an den Personalvorstand und überlegen nach 20.00 Uhr, was sie sonst noch tun könnten. Sie wollen die Welt ändern, sagen dem eingeweihten Kreis oder – schlimmer – wirklich jedem, was ihnen am Chef nicht passt, nur nicht dem Chef selbst. Das kann auf die Dauer reputationsgefährdend sein.

»Wir müssen reden« – der letzte Versuch

Wer auch immer sich als bemitleidenswertes Opfer sieht, Chef oder Sekretärin, beide kommen um ein Gespräch nicht herum. Scheinbare Toleranz, eine spielerische Herabsetzung des Problems, wie Männer es lieben, oder ein stummes Sichfügen, wie wir Frauen es tun, haben psychische und körperliche Konsequenzen, weil man eine Ablehnung, die man empfindet, unterdrücken muss. Und so verbrauchen wir permanent Energie wie eine schnaubende Dampflok, die nirgendwo hinfährt und nur eine Person an Bord hat – und das alles bloß, weil man nicht wagt, seinen Mund aufzutun. Irgendwann nutzen dann auch abendliche Trommelworkshops oder schwarze Skipisten in St. Moritz nichts mehr. Da sollte man es lieber im Gespräch zum Paukenschlag kommen lassen – oft ist es ja so, dass eine Arbeitsbeziehung wahrhaft dunkle Momente erlebt haben muss, um richtig gut zu werden. Wenn man das Tal einmal durchschritten und den Teufelskreis durchbrochen hat, kann es ja nur noch aufwärts gehen – gemeinsam oder getrennt voneinander. Alles, wirklich alles ist besser, als Dinge, die uns widerstreben, so zu lassen, wie sie sind. Konflikte legen Probleme offen, die geregelt werden müssen – man braucht sie, um eine Geschichte wirklich voranzutreiben.

Schritt 1 – der Fragenkatalog:
Wer initiiert jetzt ein solches Gespräch? Unser Chef ist immer im wahrsten Sinne des Wortes »die treibende Kraft«. Wieso nicht auch hier? Wir würden uns wünschen, dass er sich endlich einmal in unsere Rolle hineinversetzt und sich ernsthaft folgende Fragen stellt:

Weiß ich überhaupt, ob meine Sekretärin für die Aufgaben, wie sie sich momentan darstellen, geeignet ist? Kenne ich ihre Zeugnisse, ihren Werdegang?

Weiß ich, ob sie unterfordert, ausgelastet oder überlastet ist?

Habe ich in letzter Zeit wenigstens kurz mit ihr über ihre Arbeit gesprochen und dabei ihre Leistung anerkannt oder – falls erforderlich – kritisiert?

Habe ich eine Vorstellung davon, was sie von meinem Informations- oder gar meinem Führungsverhalten denkt?

Habe ich eine Vorstellung davon, wie es ihr privat so geht? Habe ich sie in den letzten vier Wochen einmal darauf angesprochen, wenn auch nur beiläufig?

Bin ich sicher, dass sie ihren Anforderungen und Leistungen entsprechend vergütet wird? Kenne ich überhaupt ihr Gehalt?

Habe ich ihr bereits vorgeschlagen, ein Stellenprofil und eine Vorschlagsliste zu erstellen, was besser laufen könnte, und ob sie Entwicklungsmöglichkeiten sieht?

Wenn ein Chef alle Fragen mit Ja beantwortet und dennoch eine gewisse Niedergeschlagenheit in der Zusammenarbeit mit seiner Sekretärin diagnostiziert, so hat er entweder ein gehöriges Wahrnehmungsproblem mit sich und seiner Umwelt oder ein personelles Problem im Büro nebenan.

Schritt 2 – das objektive Urteil:

Chefs tun sich sehr schwer damit, einen vertrauensvollen Gesprächspartner von außen um Rat zu fragen. Wer sagt schon gern »Ich komme mit meiner Sekretärin nicht klar. Ich, der Problemlöser, habe ein Problem.« Ein Gespräch mit einem Personaler (vielleicht eher im Bekanntenkreis als gleich in der eigenen Firma) ist aber so rufschädigend nun auch nicht und gehört schlicht und einfach zum Job einer Führungskraft. Frauen haben dazu Freundinnen, mit denen sie abends auf die restlichen 10.000 Worte kommen und ihren Kummer gemeinsam beweinen können, oder – noch besser – einen männlichen guten Freund, der selbst eine Führungsrolle innehat und das Ganze aus einem anderen Blickwinkel betrachtet.

Schritt 3 – die Zielvereinbarung:

Ein Gespräch sollte man nie in einer ohnehin schon emotionsgeladenen Situation vom Zaune brechen, sondern einen festen Termin ausmachen, eben wie im richtigen Leben auch. Tipp für den Zeitpunkt: abends oder direkt vor einer längeren Abwesenheit des Chefs oder der Sekretärin. Der zeitliche Abstand zwischen theorielastigem Gespräch und praktiziertem grauem Alltag verhindert, dass man gleich am nächsten Tag auf Knopfdruck das Wunschwesen aus dem Gesprächsprotokoll werden muss und sich dabei irgendwie unecht, albern oder anbiedernd vorkommt.

In eine solche Unterredung geht sie nicht mit zwei Packungen Taschentüchern und er nicht mit angeschaltetem Handy, sondern mit einer Schwachstellen-Liste (Männer sagen dazu »Optimierungsliste«), am besten unterlegt mit konkreten Fallbeispielen, um Argumente faktisch zu untermauern und sich somit weniger angreifbar zu machen. Diese Liste hat für die Sekretärin einen bedeutenden Vorteil: Männer haben sie so gut wie nie dabei, denn dafür haben sie normalerweise eben ihre Sekretärin. Somit kann sie zumindest schon einmal etwas präsentieren, was er nicht hat.

Bevor man mit dem großen Geschütz auffährt, sollte man wissen, dass es keinen Menschen gibt, der nicht auch irgendwelche Stärken hat. Und wo die liegen, sollte man dem anderen eben auch sagen, denn es ist das Wichtigste, was man über sich wissen kann. Das gilt für beide Seiten. Chefs sagen in diesen Gesprächen oft so kluge Dinge wie: »Sie müssen auf mich zukommen«, »Machen Sie Verantwortungen zu Ihren Verantwortungen«, »Immer fragen, Fehler zu machen, ist besser, als gar nichts zu machen«. Ja, das alles stimmt, aber sie müssen auch damit klarkommen, wenn ihre Sekretärin das wörtlich nimmt und nachher auch alles so befolgt. Und so mancher Chef staunt nicht schlecht, wenn im Gespräch herauskommt, dass auch er nicht gerade ein Unschuldslamm ist, dass Schwächen auch auf seiner Seite angesprochen werden, die ihm in seinem unerschütterlichen Selbstbewusstsein bisher verborgen geblieben waren. Die ganz Mutigen lassen den Satz fallen, den man als Sekretärin in solchen Gesprächen auch mal gern hört: »Und jetzt erzählen Sie mir mal ganz genau, was ich als Chef aus Ihrer Sicht besser machen könnte.« Eines sollten wir wissen und uns immer vor Augen halten: die Abhängigkeit gerade in diesem Arbeitsverhältnis ist nicht einseitig, sondern beidseitig.

Da gerade Männer dazu tendieren, Dinge als erledigt zu empfinden in dem Moment, wenn sie sie aussprechen, ist ein kurzes Gesprächsprotokoll zu empfehlen, das vor allem konkrete Schritte zur Verbesserung der Zusammenarbeit und einen Anschluss-Gesprächstermin beinhalten sollte – oder eben den Zeitpunkt und die Art und Weise der Trennung. Denn es bringt gar nichts, jemandem Potentiale anzudichten und letzte Chancen zu geben, die er nicht oder nicht mehr hat.

9. Entwicklung – wie gewollt und nicht gekonnt

Die Vorstellung einer verschlossenen Zukunft halten Menschen nicht aus.
Alexander Kluge

»Ich möchte gern mit Ihnen über meine berufliche Entwicklung sprechen, Herr Dr. Listfeld.«

»Ah, ja. Entwicklung. Hier so bei uns, bei mir? Was soll ich sagen, Frau Münk, Sie haben sich sehr gut entwickelt. Keine Klagen.«

»Ich dachte das mehr in die Zukunft gerichtet. Entwicklung eben.«

»Ohje, dieses Klammern an das ewig Morgige, was! Wo wollen Sie denn noch hin? Ich bin schon der Boss hier. Für wen wollen Sie denn sonst noch arbeiten?«

»Ich dachte da mehr an Inhalte, Verantwortungen.«

»Ja, bin ich Ihnen denn nicht Inhalt genug? Fangen Sie mir bloß nicht an mit irgendwelchen BWL-Fortbildungen an irgendeiner Abendschule. Das ist nichts Halbes und nichts Ganzes und kostet nur Arbeitszeit und Nerven.«

»Mir fehlt ganz einfach die Herausforderung in meinem Job. Es hat sich alles so eingeschliffen. Ich habe noch Kapazitäten, und wenn ich immer nur das mache, was ich kann, bleibe ich immer da, wo ich bin.«

»Ach, Frau Münk, nutzen Sie doch diese Freiräume. Die sind selten genug und wären früher undenkbar gewesen. Sie können ja auch durchaus mal um 17.00 Uhr Feierabend machen und noch etwas in die Stadt gehen, Spaß haben. Mensch, wir wollen hier lebensfrohe Mitarbeiter! Sie verdienen doch schon super. Und wir werden ja auch alle nicht jünger.«

»Ich bekomme gute Laune durch Bestätigung und Arbeit. Sehen Sie, ich könnte meine Erfahrungen und Talente noch besser einbringen. Ich will nicht mehr Geld, sondern nur mehr Aufgaben, mehr Sachbearbeitung als Sekretariat.«

»Hm, wo liegt denn da genau der Unterschied? Und schauen Sie, es gibt so viele junge Leute mit Talenten – und mit Hochschulabschluss. Die müssen wir hier auch unterbekommen. Denen können Sie nicht einfach die Arbeit wegnehmen.«

»Hm.«

»Nee, nee, bleiben Sie mal lieber bei mir. Sie können sich ja mal ein paar Gedanken machen, was Sie hier noch so an Projektarbeit machen könnten. Kopf hoch. Und wie gesagt: Wir sind super zufrieden mit Ihnen.«

So kann sich das anhören, wenn man als Sekretärin das Thema Entwicklung anspricht. Ich habe in einer früheren Stelle auch schon folgende Version gehört: »Wenn Sie sich unbedingt weiterentwickeln wollen, dann brauchen Sie einen anderen Beruf und dann müssen wir uns wohl auf Dauer trennen.« Mit »uns« war nicht der Chef, sondern gleich das ganze Unternehmen gemeint.

Auch in meinen Vorzimmer-Zeiten auf dem Vorstandsflur kam mir das Wort »Karriere« in Zusammenhang mit meinem Job, mit dem, was ich und wo ich es tat, nie über die Lippen. Es hat in unserem Beruf einen irgendwie artfremden oder doch zumindest indirekten Bezug, und eigentlich gibt es nur drei Interpretationen: Karriere hat die gemacht, die eben nicht mehr Sekretärin ist, oder Karriere hat die gemacht, die für einen Chef arbeitet, der Karriere gemacht hat – oder die, die ihn heiratet. Im mittleren Fall picken wir für uns selbst ein kleines Stück Status aus der Torte. Das kann, muss aber nicht immer etwas über Leistung und Verantwortung aussagen: Es gibt Empfangssekretärinnen, die machen Karriere, weil sie sich mit einem mobilen Büroservice selbständig machen. Und es gibt Vorstandssekretärinnen, die noch nach zwei Jahrzehnten nach Diktat schreiben.

Viele meiner Chefs habe ich hoffnungslos überfordert mit dem Wunsch nach mehr Qualifizierung und Entwicklung, wo ich mir doch schon mit ihnen den Kopf an der Decke ihres Penthouse-Büros stieß. Mich überkam die Vermutung, dass sogar Tierpflegerinnen oder Kläranlagenrevisionstaucherinnen mehr Entwicklungsmöglichkeiten »on the job« haben. Sekretärinnen werden immer noch viel zu oft als »bereits fertig« eingestuft, als Frauen, die sich gegen eine Karriere und für das Sekretariat entschieden haben. In nicht wenigen Fällen werden sie in ein hübsches Einzelbüro auf der obersten Etage am Ende des Flurs platziert, in anderen Fällen werden ihre Talente und Einflussmöglichkeiten ganz einfach etwas verwässert, indem man sie mit 25 anderen Leuten und deren 50 Ohren in ein Großraumbüro setzt wie in eine überfüllte Schulklasse, nur dass das heute »Open Space« genannt wird.

Wir führen das Leben anderer aus und vergessen darüber oft unser eigenes. Und irgendwann, so ab 40, finden sich viele von uns damit ab, dass sie bis zur Pensionierung auf dem ihnen zugewiesenen Bürostuhl ausharren müssen und auch noch da sind, wenn der unangenehme junge Chef und nach ihm weitere weiterziehen.

»Höher als oben geht nicht mehr« – die Trugschlüsse der Chefs

Die Mitarbeiterentwicklung ist per Definition Bestandteil dessen, was man »Führung« nennt. Deswegen allein ist sie aber noch längst nicht selbstverständlich, und oft werden wir hier herb enttäuscht. Das kann folgende Gründe haben:

1. Falsche Definition von »Karriere«
Viele Männer denken beim Wort »Karriere« erst einmal vertikal, also hierarchiebezogen, nach »oben«, und eben nicht horizontal (nein, ausnahmsweise hier einmal nicht). Frauen dagegen ticken inhalts- und aufgabenorientiert, für sie ist Entwicklung auch möglich, ohne sich unweigerlich nach oben zu bewegen. Dass man für ein Mehr an Verantwortung auch schon einmal aus dem Sekretariat heraus in die Abteilung gehen würde, oft sogar für weniger Geld, ist für Männer nur schwer nachvollziehbar. Von einer Sekretärin, die mit ihrem Chef bereits »ganz oben« gelandet ist, wird nicht mehr angenommen, dass sie diese Position jemals wieder verlassen möchte. Bei einem Wechsel in untere Hierarchieebenen würde eine Sekretärin zudem eine gute Portion Interna und einen bunten Kessel persönlicher Vorlieben und Schwächen des Chefs mit nach »unten« nehmen. Das sieht niemand gern.

Die viel zitierte Tugend des »lebenslangen Lernens« scheinen viele Chefs für sich selbst wie für ihre Sekretärin irgendwann gestrichen zu haben. Es geht ja auch ohne wunderbar.

2. Egoismus
Chefs reagieren grundsätzlich erst einmal panisch auf das Thema FORTbildung, weil sie befürchten, man könne dieses allzu wörtlich nehmen. Sie haben ein ureigenes Interesse daran, ihre Sekretärin da zu lassen, wo sie ist – Fortbildung und Weiterentwicklung gerne, sehr löb-

lich, aber bitte für und innerhalb derselben Position, nicht aus ihr heraus. Wo liegt für die Chefs hier grundsätzlich die Grenze? Gibt es ein Zuviel an Mitarbeiter-Fortbildung, was für den Chef in dem Moment ganz persönlich kontraproduktiv wird, wo sich »seine« Leute vor lauter Qualifikation tatsächlich aus ihrem alten Job verabschieden? Wie selbstlos ist er da? Und wie weit kann man sich überhaupt noch innerhalb unseres Sekretärinnen-Jobs weiterentwickeln, mal abgesehen von PowerPoint-Schulungen und Spanischkursen? Entwicklungsprozesse können nachhaltig nur »top-down« vorangetrieben werden, was auf deutsch heißt: Wenn Chef nicht will, nützt es nichts, dass seine Sekretärin kann und will.

3. Scheuklappen

Viele meiner Chefs hätten meine Begabungen auch gar nicht freisetzen können, so wie ich es mir gewünscht hätte. Ich hatte sie ja vielleicht selbst noch gar nicht erkannt und hätte lange darauf warten können, dass dies ein anderer tut oder geschweige denn auch noch nutzt. Meine fachlichen Qualifikationen als Sekretärin kannten die Chefs durchaus. Ihnen war es jedoch unmöglich, mich als Mensch, und zwar losgelöst vom Job, zu beurteilen. Sie wären nie darauf gekommen, dass es da eine Diskrepanz geben könnte zwischen meinem beruflichen Werdegang, meinen Fertigkeiten auf der einen Seite und meinen individuellen Stärken wie Selbständigkeit, Mut, Engagement, die Fähigkeit, Verantwortung zu übernehmen, auf der anderen Seite. Diese beiden Dinge wurden nie getrennt voneinander betrachtet. Beim jährlich zwangsverordneten Mitarbeitergespräch nebst auszufüllendem Fragebogen mag man eine dunkle Ahnung davon bekommen haben. Aber in der Praxis blieb es dabei. Für das Ausleben von Talenten war das Privatleben zuständig.

Die wirklich guten Chefs erkennen Begabungen, die man in Kombination mit Erfahrung sogar langfristig auch außerhalb des Sekretariats für das Unternehmen instrumentalisieren kann. Doch das kommt immer noch viel zu selten vor. Jede Sekretärin, die sich schon einmal auf eine interne Stellenausschreibung beworben hat, die nicht unmittelbar etwas mit Sekretariat zu tun hatte, wird ein Lied davon singen können.

4. Keine Differenzierung innerhalb einer Mitarbeitergruppe

Es ist Unsinn, alle Leute gleich zu behandeln. Jeder hat andere Stärken und andere Bedürfnisse, und nur so kann man aus der Unterschiedlichkeit von Menschen Nutzen für die Allgemeinheit schaffen. Das klingt plausibel, stößt aber bei der praktischen Anwendung schnell auf seine Grenzen. Im Sekretariat hört es ganz auf. Es ist wie mit der Bezahlung: Auf derselben Hierarchieebene gibt es selten eine unterschiedliche, individuelle Förderung nach Begabung, Verantwortungsbereitschaft oder Leistung – nivellierende Großraumbüros tun dazu ein Übriges. Sekretärinnen werden immer noch viel zu einheitlich behandelt. Davon profitieren manche von uns – andere leiden darunter.

Thrombosevorsorge oder das hohe Lied der Langeweile

Eine Freundin ruft mich tagsüber meistens aus ihrem Büro an, weil sie dort mehr Zeit als abends in der Freizeit hat. Sie ist Sekretärin. Und sie hasst Langeweile:

»Langeweile – da kann ich ein Lied von singen. Ich muss hier zwar alles alleine machen, da mein Chef zwei Firmen betreut, aber nach all den Jahren geht mir das alles so stupide von der Hand, und ich brauche dann ja auch nicht mehr viel Zeit dafür. Ich hatte das schon vor einigen Jahren meinem Chef gegenüber vorsichtig angesprochen und musste mir dafür einiges an netten Sprüchen gefallen lassen. Teilzeit kommt für ihn per se nicht in Frage. Habe mir damals geschworen, kein Wort mehr darüber zu verlieren. Aber glücklich macht mich die Situation auch nicht. Hatte auch überlegt, eine Weiterbildung anzufangen, die nebenbei laufen kann, aber da ich das alleine zahlen müsste und die Kosten so hoch sind, ist das auch nichts geworden. Und das Schlimme ist: Wenn es dann doch einmal stressig wird, dann bin ich total fertig danach, weil ich es echt nicht mehr gewohnt bin, und dann schleichen sich auch noch Fehler dabei ein, weil man sich nicht mehr richtig konzentrieren kann.«

Ja, die Langeweile, die sich wie ein weißes Laken auf unseren aufgeräumten Schreibtisch legt – fast jede von uns hat sich schon einmal irgendwann in ihrer Laufbahn gefragt, ob sie mit ihrer Zeit tagsüber nicht etwas Besseres anfangen könnte. Wir sind eben auch etwas erlebnisbedürftig. Es gibt Chef-Sekretärinnen-Kombos, in denen die Sekretärin in Zeiten der Abwesenheit des Chefs extrem viel zu tun hat – das spricht für ihren Job und für ihren Chef. Andere langweilen sich zu Tode, wenn derjenige nicht da ist, der sagt »So, nun müssen wir aber mal« oder »Können Sie mal eben«. Wenn der Chef außerhäusig ist, geht das Objekt der Zuarbeit vorübergehend verloren, der Zuruf fehlt, und dann wird die personenfixierte Abhängigkeit erst so richtig klar – man kommt sich vor wie ein Motor im Leerlauf, in den niemand den Gang reinknallt. Andere Chefs sind so beseelt von den kleinen, operativen Vorgängen, dass der Sekretärin noch nicht einmal das Buchen eines Tisches im Restaurant als Arbeitseinsatz bleibt, denn »da habe ich eben schnell selbst angerufen«.

Die dann noch verbleibende Arbeit hat oft seit Jahren keine Veränderung, keine Rückfragen, keine Optimierung, keine Erweiterung erfahren, wird wie in Trance erledigt. Und auch die besten legitimen Selbstbeschäftigungsmaßnahmen sind irgendwann erschöpft: Neubeschriftung der Telefonkurzwahltasten, Neuformatierung des Reisekostenformulars, ultimative Optimierungen von Kopf- und Fußzeilen sowie PowerPoint-Masters, Neuordnung der Restaurant-Liste nach Regionalküchen und Preiskategorien, erste Angebote für die Weihnachtsfeier im übernächsten Jahr, Ablage natürlich, Umorganisation der Ablage, Aktualisierung der Ablage, ein Ausflug ins Archiv. Irgendwann bleibt nur noch das Internet. Und zu Hause türmen sich die Wäsche und das Geschirr. Wie viel Eigenmotivation soll eine Sekretärin denn noch aufbringen, wie viel kann man überhaupt von ihr erwarten, ohne dass es in Selbstkasteiung ausartet? Solange noch Geräusche aus dem Sekretariat kommen, glauben ja viele Chefs, man sei schon irgendwie beschäftigt. Viele haben oft keinen blassen Schimmer, was wir den ganzen Tag über machen. Sie hinterfragen es auch nicht.

Menschen sind in ihrem Job zufrieden, wenn sie sich in einem ausgeglichenen Verhältnis zwischen den an sie gestellten Anforderungen und ihrer Qualifikation befinden. Dazu muss man sie schon ein wenig kennen. Überforderung erzeugt Angst und Stress, Unterforderung führt zu Langeweile und Bore-out, was ähnliche Folgen haben kann. Richtig toll aber läuft es, wenn die Anforderungen ein ganz kleines bisschen zu hoch liegen, so dass es im Bauch kribbelt und man sich noch so gerade wohl dabei fühlt. Dann wächst man ein bisschen über sich hinaus, und die Arbeitszeit vergeht wie im Flug. »Ich brauche Stress, um gut zu sein« – diesen Spruch hört man auch im Sekretariat recht oft. Das alles sollte sich so mancher Chef hinter die Ohren schreiben, damit sein Vorzimmer nicht zum Wartezimmer wird.

Die Lüge von der Projektarbeit

»Projekt« ist ein herrlich unverfängliches Wort, eine verheißungsvolle Mischung aus Einflussnahme, Verantwortung, Kreativität. Ehrgeizige Sekretärinnen springen darauf an wie das Rehwild auf die Futterstelle, auch wenn sie nicht extra dafür bezahlt werden. Man kann es uns nicht verdenken, denn durch »Projekte« erfährt der Job eine Aufwertung – endlich gestalten statt nach Vorgabe arbeiten. Das ist Mangelware im Sekretariat. Mit »Projektmanagement« werden Stellenangebote geschmückt und Zeugnisse aufgetuned. Wir Sekretärinnen selbst benutzen dieses Wort gern und oft. Nur, was steckt eigentlich genau dahinter? Es ist genau wie mit der so genannten »Assistenzfunktion« – die meisten meinen damit »weniger Tippen, mehr Termin- und Reisemanagement« – aber auch Letzteres ist eine typische Sekretariatsfunktion und keine Erfindung der Neuzeit. Prioritäten mögen sich verschoben haben, aber nicht unbedingt die Inhalte.

Im Gespräch mit einer Vorstandssekretärin eines deutschen Dax-Unternehmens ließ ich die verhängnisvolle These fallen, dass das Office Management immer noch vorwiegend ein Boss Management sei, weit ab von sachbezogener Verantwortung. Die Gegenthese kam prompt: »Wir haben durchaus Projekte, zum Beispiel ein Sekretärinnen-Netzwerk, in dem wir die Büromaterialbeschaffung, Schulungen und IT-Ausrüstung für uns optimieren.« Irgendwie kam ich mir wie eine Spielverderberin vor, denn dies war natürlich ganz klar ein sachbezogenes Projekt. Aber gehörte die Optimierung der Büromaterialbeschaffung nicht sowieso in das klassische, projektfreie Aufgabengebiet einer Sekretärin, genauso wie das »Eventmanagement« für die Weihnachtsfeier, das Erstellen von Bestandslisten als »vorbereitende Buchhaltung« oder der eigenständige, völlig sachbezogene Kauf eines neuen Kopierers? Wurde hier womöglich etwas gelb überpinselt, was eigentlich hellgrau war? Aber die Kollegin war augenscheinlich glücklich damit, und das ist die Hauptsache. Sie hätte das Wort »Projekt« gar nicht nötig gehabt.

Ich habe ein paar Wochen später die Probe aufs Exempel mit einem »sekretariatsfernen Projekt« gemacht. Mein Chef nannte es ein »Teilprojekt«: Die Erstellung eines Durchlaufplans mit Lerninhalten und entsprechenden Unterlagen für die Praktikanten unseres kleinen Unternehmens. Mein Chef hatte mich dazu ermuntert. Als ich das gute Stück freudestrahlend unserer Personalreferentin hinhielt, erntete ich nur ein mitleidiges Lächeln: »Das gibt es schon, haben wir schon vor sechs Monaten aufgestellt, zusammen mit einem Studenten der Wirtschaftspsychologie. Wollen Sie mal sehen?« Nein, ich wollte nicht. Ich hätte vorher fragen sollen.

Ich will nicht behaupten, dass das »Projektmanagement« im Sekretariat unbedingt ein Beschäftigungs- und Gute-Laune-Tool sein muss, das sozusagen qua Definition nur auf Zeit angelegt ist. Aber es hat immer etwas von Zuckerbrot – als Belohnung für den großen Rest der zu verrichtenden Bürotätigkeiten. Wenn sich der Job einer »Projektassistentin« so darstellt, dass ich die klassische Sekretariatsarbeit für eine Projektgruppe zu machen habe, so stellt sich schon die Frage, ob da nicht jemand einfach nur ein keckes Wortspiel mit einem treibt. Da bleibe ich lieber gleich Sekretärin und frage meinen Chef, ob er mich nicht einfach besser einbinden kann in das, was er tut, denn das dürfte eventuell schon reichen und so einige Projektgebiete abdecken.

Und es geht doch – Entwicklungsmöglichkeiten und Alternativen

»Jeder kann etwas aus sich machen, solange er gesund ist und gut denken kann« – so steht das nicht im Grundgesetz, so sagt das meine Mutter. Und wenn ein Chef immer noch keine Ahnung hat, wie er seine Sekretärin fordern und fördern kann, so dass sie sich tatsächlich weiterentwickelt – um ihretwillen, nicht um seinetwillen – so sei es ihm hiermit ein für alle Mal erklärt.

Gerade in unserem Job gibt es so einige Prämissen für die Weiterentwicklung, denn in den verschlankten, voll technisierten Führungsetagen von heute sind Sekretariate entweder zum neutralen Großraumbüro oder aber zum seltenen Luxus geworden. In die große Lücke zwischen diesen beiden Extremen drohen wir irgendwann zu fallen, wenn die Weiterbildung und Entwicklung, die man uns angedeihen lässt, weiterhin so stiefmütterlich und inkonsequent betrieben wird wie bisher.

Wer aufsteigen oder auch nur seinen Arbeitsplatz sichern will, muss zudem bereit sein, etwas zu übernehmen, was für viele Sekretärinnen nicht selbstverständlich ist: Verantwortung. Unser Job definiert sich immer noch mehr über Reaktion – wir arbeiten zu – und weniger über Aktion. Wir führen aus, wirklich entscheiden tun wir selten. Und daran kann man sich a) verdammt schnell und b) unmerklich gewöhnen. Ich behaupte, dass in letzter Konsequenz gar nicht so viele von uns eine Veränderung, ein Mehr an Verantwortung mit all den damit verbundenen Konsequenzen wollen, wenn sie ehrlich sind. 40 bis 50 Prozent dürften ganz zufrieden sein mit dem, was sie tun, haben sich darin eingerichtet. Und mehr Verantwortung ohne mehr Engagement funktioniert auch nur bei den Chefs, nicht bei den Sekretärinnen. Wir haben niemanden zum Delegieren.

Sollte die angestrebte Entwicklung gar aus dem derzeitigen Job herauszeigen und/oder mit zusätzlichem Zeit- und Bildungsaufwand verbunden sein, so muss man durchaus dafür finanzielle Einbußen in Kauf nehmen. Der Preis für ein chancenreiches »Zurück auf Los« kann teuer sein.

Versuchen wir es trotzdem, denn es gibt viele Möglichkeiten:

1. Das Naheliegendste: Ein neuer (oder alter) Chef, der delegiert

Entwicklung kann ein Chef allein schon durch die Art und Weise seiner Führung sicherstellen. Das ist die eleganteste, unaufwendigste und souveränste Methode. Dann kann Arbeit spannender und tagesfüllend sein ohne Pseudo-Zusatzaufgaben und Abendkurse. So manche Sekretärin, die vorher über Langeweile klagte und erste Anzeichen eines Bore-out an sich zu diagnostizieren glaubte, hatte plötzlich das Gefühl, einen völlig neuen Beruf auszuüben, als sie einen neuen Chef bekam, der eine etwas andere Auffassung von Entlastung hatte.

In uns Sekretärinnen können in Personalunion Psychologen, Graphologen, technische Kompetenzzentren, Moderatoren, Mediatoren, Personaler und Coaches schlummern – wenn wir gut sind. Wir machen einen Teil des Finanzreportings, schreiben Reden, bringen Leute zusammen oder verhindern, dass Leute zusammenkommen, managen Veranstaltungen, erstellen Websites – wenn man uns lässt. Die Chefs selbst können uns fördern, ganz einfach indem sie wirklich führen, wirklich delegieren, statt uns Projekte überzustülpen, die nicht wirklich welche sind.

Es gibt Chefs, die ihre Sekretärin einarbeiten lassen, indem sie diese erst einmal in ganz andere Bereiche schicken. Alle finden einen solchen »Durchlauf«, wie ihn jeder Praktikant und Trainee bekommt, gut – aber kaum ein Chef praktiziert ihn mit seiner eigenen Sekretärin: Warum schicken Mineralölunternehmen ihre Sekretärinnen nicht einmal für ein paar Tage auf eine sichere, nicht vom Untergang bedrohte Bohrinsel, Chemieunternehmen ihre Vorzimmeraggregate nicht ins Labor, Finanzdienstleister ihre rechten Hände nicht mal mit ins Kundengespräch? Warum wird Job-Rotation nicht europaweit auf die Sekretariate eines Unternehmens angewandt? Man möchte die Chefs schütteln: Lasst eure Sekretärinnen verdammt noch mal endlich Tageslicht sehen! Muss man denn um alles selbst betteln?

Die Suche nach einem Chef, der sich etwas davon zu Herzen nimmt, ist der einfachste Schritt zur Weiterentwicklung. Eine mit mir befreundete ehemalige Sekretärin ist heute Kakaohändlerin, »weil der Chef permanent auf Reisen war und er mich da so hineinschliddern ließ«. – Projekte oder eine Zusatzausbildung hat sie nie gemacht: »Mein ganzer Job ist ein einziges Projekt.«

2. Vielleicht braucht die Sekretärin eine Sekretärin?

Gerade im Sekretariat muss man erst einmal Freiräume schaffen, um Potentiale zu fördern. Das scheitert oft schon daran, dass sich Reisekostenabrechnungen und Inventarlisten ja nicht von selbst erledigen, während man die nächste Kundenveranstaltung plant und mit der Eventagentur noch einmal das Showprogramm für den Abend durchgeht. Es mag ein Luxus sein, aber oft lassen sich aus gestandenen Sekretärinnen echte Vollblutmanager herausholen, wenn man ihnen selbst zwei bis drei Mal die Woche eine Halbtagessekretärin an die Seite stellt, eine Vertretung, einen so genannten Springer. Das ist eine ungeheure Wertschätzung und kann einen wahren Motivationsschub nach sich ziehen. Eine solche Maßnahme fördert die Vielfalt innerhalb der Sekretariate, löst Vertretungsprobleme, gibt zusätzliche Einstiegschancen im Teilzeitmodell. Mitunter kommt es sogar preiswerter für den Arbeitgeber, da man sich Eventagenturen in Zukunft sparen kann, wenn die Sekretärin die Zeit hat, sich von vorne bis hinten ganz um eine Veranstaltung zu kümmern, und der Gedanke an eine Kündigung im Keim erstickt ist. An die Chefs also der Aufruf: Wenn ihr eine richtig tolle Sekretärin habt, die mehr machen will, dann versucht sie zu halten und gebt ihr endlich die Wertschätzung, die sie verdient – warum nicht auf die Art und Weise, die bei Männern auch funktioniert: eine eigene Sekretärin. Und im Gegensatz zu den Männern würden wir sie behandeln wie einen Rohdiamanten.

3. Das weite Feld der Weiterbildungskurse und Zusatzausbildungen

Das ist zweifelsohne die klassische Möglichkeit der Qualifizierung – belegt durch Zertifikate, Teilnahmebescheinigungen und Scheine aller Art. Hier ist die Spielwiese unüberschaubar groß und bunt, und wir alle bekommen täglich entsprechende Flyer auf den Schreibtisch.

Sekretärinnen, egal welche individuellen Talente sie haben, werden gern durch vorschnell abgenickte Seminar-Veranstaltungen geschleust, was immense Streuverluste produziert. Bestenfalls handelt es sich dabei um EDV- oder Sprachkurse oder um Zusatzausbildungen an Berufsakademien oder Handelskammern (z. B. Betriebswirt/in oder Personalkaufmann/frau).

Aber es gibt auch Veranstaltungen mit exotischen Titeln, die allen Ernstes unter sekretariats- und somit berufsbezogenem Training und Fortbildung laufen. Der Seminarmarkt in unserer Berufsgruppe ist voll davon, und die Chefs sind zahlungsfähig und -willig, der lieben Ruhe wegen, auch wenn sie mit dem Kopf schütteln mögen, wenn ihnen die Sekretärin ihre Anmeldungen zu folgenden Kongressmodulen hinlegt: »Stimm-Gymnastik – mit Körpersprache und lebendiger Stimmlenkung die Ausstrahlung gewinnbringend verstärken«, »Never walk when you can dance«, »Bin ich, was ich sage?«, »Kreative Lebensgestaltung«. Das ist keine Sekretärinnen-Fortbildung. Das ist Therapie. Wenn man allein die Benennung dieser Module ernst nimmt, so müsste man das Sekretariat eher verlassen, als sich in ihm zu qualifizieren. Welche Chefs geben Mittel für so etwas frei? Vielleicht sind es dieselben, die in einem

Tudor House bei London in ländlicher Umgebung und für 8.000 britische Pfund ein fünftägiges »Executive Training in General Management« belegen (in deutscher Sprache) – wo sie doch schon seit einiger Zeit »General Manager« sind und schon genauso lange für den Job bezahlt werden, für den sie sich ausbilden lassen wollen.

Nein, für 320 Euro plus Reisekosten will ich auch nichts über »Clever Kontern« erfahren. Der rücksichtsvolle Leiter dieses Kurses ahnt schließlich nicht, dass mich mein rücksichtsloser Chef morgens um 6.30 Uhr vom Flughafen anruft, um mich zu fragen, ob man Akquise mit oder ohne k schreibt. Da kontert man nicht mehr. Da haucht man nur noch fassungslos einen einzigen Buchstaben in den Hörer: »k«.

Und dennoch – diese Seminare werden von vielen Sekretärinnen gar nicht so kritisch beurteilt. Sie beziehungsweise ihre Chefs beziehungsweise ihre Unternehmen sind trotz Krise bereit, für zweieinhalb Tage Sekretärinnenkongress auch schon einmal 1.700 Euro auszugeben. Der Wunsch nach Ablenkungen, Austausch mit anderen Sekretärinnen und neuen Anstößen, der Plan, einfach eine gute Zeit zu haben, sind dabei wichtige Faktoren, und das wissen auch die Anbieter. Aber reicht das schon? Wie produktiv muss ein Seminar überhaupt sein – ist die Rückkehr mit neuen Kontakten, mit neu geschöpfter Hoffnung und angeknipster Motivation nicht schon ausreichend? Das gilt ja für viele Weiterbildungsangebote auch in anderen Berufen. Die Frage muss jede für sich selbst beantworten.

Wenn man jedoch davon ausgeht, dass ein beruhigend großer Anteil der Sekretärinnen unter »Weiterbildungskurs« eher die Klassiker, also EDV- oder Sprachkurse, Buchführung oder Personalabrechnung versteht, so bleibt oft genug der Kosten-Nutzen-Faktor zu hinterfragen: Laut einer Studie zur weiblichen Büroarbeit, die der Kaufmännische Verband Zürich (KVZ) durchführte, belegten 83 Prozent von 1.400 befragten Sekretärinnen Weiterbildungskurse. Bei 75 Prozent blieben diese Bemühungen ohne jeglichen Einfluss auf die weitere Karriere.

Wenn man also beispielsweise betriebswirtschaftliche Kurse belegen will, etwa weil man sowieso schon mit Reporting- und Controlling-Aufgaben sowie Informationsrecherche für Geschäftsberichte etc. betraut ist, sollte man unbedingt vorher klären, ob man später im Unternehmen wirklich etwas davon hat, das heißt, ob das Gelernte anwendbar und vor allem auch lohnwirksam ist.

SAP-Kenntnisse zum Beispiel sowie Kostenrechnung werden mehr und mehr gefordert und als konkrete Qualifizierungsmaßnahmen entsprechend gefördert. In anderen Fällen dagegen ist es noch nicht einmal selbstverständlich, dass sich ein Arbeitgeber an den Kosten beteiligt, weil er davon ausgeht, dass eine Sekretärin das vielleicht aus »Spaß an der Freude« mache, beseelt vom Drang nach Selbstbestätigung – aus einem Job heraus, dessen unklares Profil derlei Wissen nicht zwangsläufig vorschreibt. Außerdem mag ein Einzelseminar Buchführung, Personalwirtschaft oder BWL (»Betriebswirtschaftliche Zusammenhänge verstehen und nutzen«) einen entsprechenden Einsatz oder gar eine berufliche Umorientierung im eigenen Betrieb erleichtern, aber selten ein neues Berufsfeld bei einem anderen Arbeitgeber. Die Stiftung Warentest sagt dazu:

»Anbieter, die solche Qualifikationszusatzkurse an zwei bis drei Tagen anbieten, können in dieser knapp bemessenen Zeit auch gar nicht all das schaffen, was das Kursprogramm verspricht, und ähneln oftmals eher einer theorielastigen Hetzjagd durch betriebswirtschaftliche Grundbegriffe. Für saftige Gebühren von 780 bis 2.000 Euro wird Basiswissen in den Bereichen Bilanzen und Geschäftsberichte, Steuern und Abschreibung, Kostenrechnungen und Kalkulation, Investitionsarten und Unternehmensplanung angeboten. Das ist unmöglich in zwei Tagen zu schaffen«.

Preiswertere Kurse im Bereich von 200 bis 300 Euro sind oft nur bei öffentlichen Trägern wie Kammern oder Volkshochschulen möglich, aber qualitativ auch nicht besser. Diese Kurse sind auch kein Ersatz für eine halbwegs qualifizierte Zusatzausbildung von in der Regel 6-12-monatigen Abend- und Wochenendkursen oder einem berufsbegleitenden Abend- oder Fernstudium, das auch über fünf Jahre und länger laufen kann, sofern man ernsthaft seinen Bachelor in Betriebswirtschaft anpeilen sollte. Hier ist der Zeit-Nutzen-Faktor gerade für Sekretärinnen sehr, sehr unausgewogen – »Abendstudium? Nice to have«, mehr oft nicht.

Das Sekretärinnendiplom (zwei Jahre) scheint irgendwie in Zaubertinte mit unlöschbaren Leuchtbuchstaben geschrieben zu sein, der aufgesetzte Bachelor (fünf Jahre) dagegen in Blindenschrift. Chefs sehen oft nur das, was sie sehen wollen. Das ist ein Armutszeugnis. Und dann bleibt man im zweiten Bildungsweg das, was man im ersten bereits war.

Man muss sich als Sekretärin darüber im Klaren sein, dass man aufwendige Zusatzausbildungen oder gar ein Studium in allererster Linie für sich selbst macht, weil man sich beweisen will, Neues lernt, Erfolgserlebnisse und ein gutes Gefühl dabei hat. Das ist vielleicht sogar sehr viel wichtiger als die bare Münze, die nicht immer dabei herausspringt.

Checkliste Kursauswahl

Quelle: Stiftung Warentest, Bildung + Soziales, zuletzt aufgelegter Sekretärinnen-Report 9/2003 (s. auch dort erschienene Checkliste Weiterbildung Kompakt aus März 2010)

Das Konzept

Prüfen Sie genau, ob sich Inhalt, Methode und Ziel des Kurses auf Ihre persönliche berufliche Praxis übertragen lassen. Sollen mehrere Seminare mit dem Ziel einer Prüfung kombiniert werden, erkundigen Sie sich nach der gegenseitigen Anerkennung durch die gegebenenfalls verschiedenen Bildungsträger.

Die »Kolleginnen«

Informieren Sie sich beim Anbieter noch vor der Anmeldung über die Qualifikationen der anderen Teilnehmer. So vermeiden Sie, dass Sie fehl am Platz sind. Gerade »Sekretariat und Assistenz« ist ein Berufsbild mit einem sehr breiten Spektrum.

Die Kursgröße

Erfragen Sie die voraussichtliche Kursgröße. Ab 20 Teilnehmern sinkt der individuelle Lernerfolg fast immer automatisch.

Der Dozent

Versuchen Sie noch vor der Anmeldung Informationen zur Qualifikation und Erfahrung des Dozenten zu bekommen. Sind beispielsweise auf den Websites oder in den Broschüren keine Angaben dazu vorhanden, ist Skepsis geboten und Nachhaken angebracht.

Die Methode

Klären Sie auch, wie der Kurs methodisch aufgebaut ist. Vorteilhaft für den Lernerfolg sind praktische Übungen und Gruppenarbeiten, von reinem Frontalunterricht ist abzuraten.

Der Vergleich

Vergleichen Sie mehrere Angebote. Sitzt der Anbieter in Ihrer Nähe, schauen Sie persönlich vorbei: Sie können gezielter Informationsmaterial auswählen, Räume besichtigen und Teilnehmer nach ihren Erfahrungen fragen.

Der Preis

Achtung: Oft wird die Mehrwertsteuer nicht genannt. Nur wenige Anbieter sind von der Mehrwertsteuerpflicht befreit.

Den Chef überzeugen

Das Recht auf Weiterbildung haben die meisten Bundesländer in ihren Weiterbildungsgesetzen festgeschrieben. Für den so genannten Bildungsurlaub gibt es in der Regel drei bis fünf zusätzliche Tage im Jahr frei. Die Kurse müssen als Bildungsurlaub anerkannt sein und vier bis sechs Wochen vor Beginn beantragt werden. Zusätzlich regeln zahlreiche Tarifverträge und Betriebsvereinbarungen, wer sich wann und wie lange qualifizieren darf. Generell gilt: Für die Lernunterstützung vom Chef braucht es Verhandlungsgeschick. Wer auf Freistellung oder Kostenübernahme hofft, sollte erklären können, inwiefern der Arbeitgeber vom Zusatzwissen profitiert.

Steuern sparen

Nach der Rechtsprechung des Bundesfinanzhofs (BFH) können Aufwendungen für eine Bildungsmaßnahme Werbungskosten sein und sind als diese voll absetzbar, sofern sie beruflich veranlasst sind. Dazu gehören unter anderem Kursgebühr, Fahrtkosten und Fachliteratur. »Mittlerweile akzeptiert das Finanzamt auch die meisten Sprachkurse«, sagt der Steuerberaterverband in Berlin. Allerdings muss ein beruflicher Zusammenhang nachgewiesen werden – wie bei Sekretärinnen, die Geschäftsbriefe auf Spanisch schreiben müssen. Auch Kosten für ein im Anschluss an das Abitur aufgenommenes Hochschulstudium können als vorab entstandene Werbungskosten abgezogen werden. Voraussetzung hierfür ist lediglich, dass die Aufwendungen in einem objektiven und konkreten Zusammenhang mit den künftigen zu versteuernden Einkünften stehen. Es besteht kein Grund, zwischen einer akademischen und einer nicht akademischen Bildungsmaßnahme zu unterscheiden. Denn in beiden Fällen würden die Voraussetzungen dafür geschaffen, dass der Steuerpflichtige das erworbene Berufswissen am Markt einsetzen könne, um steuerpflichtige Einnahmen zu erzielen.

4. Teilzeit

Irgendwann, nach einem halben Dutzend so genannten Projekten, die eher einer Selbstbeschäftigungstherapie glichen, habe ich einem meiner Chefs einen Vorschlag gemacht: »Wenn der Weg über mehr Arbeit nicht geht, dann geht vielleicht der Weg über weniger Arbeit? Was halten Sie von einem alternativen Zeitmodell, das mir ermöglicht, in meiner Freizeit die Erfüllung zu finden, die ich im Job nicht so ganz finde? Ich könnte mein Arbeitsgebiet auch an vier Tagen die Woche erledigen – schwungvoller und besser gelaunter denn je.« Antwort mit einem Gesicht, als hätte ich mutierte Vogelgrippe: »Nein, so einfach geht das nicht. Nachher macht das noch Schule.« Drei Monate später: »Mein Mann braucht mich. Ich muss leider etwas zurückschalten und eine zeitliche Lösung dafür finden.« Antwort: »Wir überlegen uns das mal.« So geschehen – letzteres Argument, so unwahr es ist, hat tatsächlich funktioniert. Ich wollte es bis zuletzt nicht glauben, dieser Vorstoß (»Mein Mann braucht mich.«) basierte auf einer Wette mit einer Freundin, die das für ein aussichtsreiches Unterfangen angesehen hatte, weil sie sagte: »Männer halten zusammen, wenn es darauf ankommt.« Ich empfand es als Armutszeugnis, so sehr ich auch davon profitierte.

Teilzeit, Job-Sharing, Job-Rotation – all diese schönen Modelle scheinen überall stattzufinden, nur nicht in Deutschland. Hier herrscht die Dominanz der Vollzeitstellen, hier arbeitet man »ganz oder gar nicht« – aller Vorhersagen von Arbeitssoziologen und der Bevölkerungspyramide zum Trotz. Dabei sind diese Modelle doch am einfachsten im Sekretariatsbereich umzusetzen, dort wo Flexibilität, Teamfähigkeit und Improvisationstalent zu den Kernkompetenzen gehören, dort wo es nicht unbedingt auffällt, wenn man ein paar Stunden weniger die Woche da ist und Präsenzen und Abwesenheiten eigenverantwortlich untereinander regelt. Umgekehrt kann eine Sekretärin in Teilzeit noch so gut sein, wenn ihr Chef Karriere macht, muss sie entweder mit – und dann selbstverständlich in Vollzeit – oder sie wird anderweitig aufs Abstellgleis für Vormittagszüge gesetzt. Ein verantwortungsvoller Einsatz und eine Halbtags- bis Dreiviertelstelle scheinen einander auszuschließen. Untrügliches Zeichen: Die Gehälter für diese Stellen (wenn sie neu zu besetzen sind) rangieren zwischen 1.500 und 2.500 Euro brutto im Monat. Für mehr muss man schon acht Stunden und länger pro Tag arbeiten.

Sicher, Verantwortung und Teilzeit sind in allen Berufen schwierig unter einen Hut zu bringen – aber es funktioniert noch am ehesten in unserem. Denn machen wir uns nichts vor: Wir assistieren nur. Wir leiten nicht die Firma. Und trotzdem gibt es vielerorts nur zwei Modelle: die entweder völlig überarbeitete, entnervte Vollzeitsekretärin oder die anonyme, schlecht bezahlte Zeitarbeits-Springerin ohne Profil für fünf Sekretärinnen und deren Chefs, die alles und nichts macht, immer mal wieder und auf Abruf. Zwei Sekretärinnen, die sich Hand in Hand nicht nur einen Job, sondern auch einen Chef teilen, ihren Zeitplan ganz autark untereinander regeln, können das erfolgversprechendere Modell für die Zukunft sein. Sicher, das ist mehr Koordinierungsaufwand. Es wird aber auch mehr geleistet, weil beide ihre Arbeitszeit effektiver nutzen, ein Kontroll- und Konkurrenzelement da ist, was sich positiv nutzen lässt und die gegenseitige Vertretung sicherstellt. Frage also: Warum hängt der Mann an einer unzufriedenen Frau, wenn er zwei zufriedene haben kann? Warum delegiert er das »Wie« der Arbeit nicht einfach, denn Hauptsache, es läuft, oder?

Was die Teilzeit angeht, so habe ich mit einem freien Nachmittag pro Woche angefangen. Es war wie ein kleiner Schritt in die große Freiheit. Ich war auch vorher schon ehrenamtlich tätig gewesen und wollte mit diesem Nachmittag meine Arbeit mit Behinderten in einen regelmäßigeren Rhythmus bringen. Es war und ist eine sehr erfüllende Ergänzung zum Job. Nutznießer dieser Erfahrung bin nicht nur ich, sondern indirekt auch mein Chef. Er hat es gemerkt. Glaube ich. Aber das ist auch schon alles. Fakt ist auch, dass mein Arbeitgeber nie im Leben an eine finanzielle oder zeitliche Unterstützung dieses von mir selbst initiierten Ehrenamts gedacht hätte, trotz »Corporate Social Responsibility« in vier Sprachen und sechsunddreißig Farben. Schade. Es kann lebensbereichernd sein, sich auf Reisen zu begeben in andere Welten, die um die nächste Häuserecke liegen. Ich würde es toll finden, wenn ein freiwilliges soziales Jahr für Manager ab einer bestimmten Gehaltsklasse jenseits der für solche Programme gültigen Altersgrenze von 27 Jahren vorgeschrieben wäre. Vielleicht hätten wir uns die Finanzkrise oder zumindest ein paar Burnout-Opfer damit sparen können.

5. Vom Unterschied zwischen Arbeiten und Leben

Es ist auffällig, dass wir Sekretärinnen in der Auswahl unserer Urlaubsziele doch recht oft einen Hang zum Exotischen, zur Ferne, durchaus in Kombination mit Bildung und Kultur haben: Bergsteigen in Ostafrika, geologische Wanderungen in Neuseeland, Norditalien und seine Museen und Kirchen, die vergessenen Mythen Islands. Die Berufsgruppe, die ähnlich wiss- und abenteuerbegierig in den Urlaub fährt, muss man erst mal finden. Das könnte auf eine latente Unterforderung im Job hinweisen. Aber es ist gleichzeitig auch schon eine von vielen Lösungen: Man kann als Sekretärin arbeiten. Aber man sollte um Himmels willen nicht auch noch so leben! Ja, man sollte versuchen, genau das Gegenteil von dem zu leben, was man tagsüber macht: Fechten lernen, Gesangsunterricht nehmen, den Motorradführerschein oder den Segelschein machen. Diese Möglichkeiten der Restlebensgestaltung lassen sich natürlich frei kombinieren mit allen anderen Fortbildungsmaßnahmen, die in diesem Kapitel erwähnt sind. Sekretärinnen, die abends mit ihren Chefs oder ohne bis 22.00 Uhr im Büro sitzen, geben sich der Illusion der Unersetzbarkeit hin, die unser Job nicht bieten kann. Denn er hat seine Grenzen – inhaltlich, zeitlich und finanziell.

6. Sekretariat ade

Als Letztes die Radikallösung: Ich habe mich erstmals mit Mitte dreißig, dann noch einmal etwas erbarmungsloser mit Mitte vierzig gefragt, ob das, was ich mir erarbeitet habe, das, womit ich zehn Stunden am Tag verbringe, überhaupt noch zu mir passt. Manchmal reicht das Abgesichertsein eben nicht aus.

Ist das jetzt Lebenskrise, vielleicht gar schon die auch wörtlich genommenen Wechseljahre oder einfach nur gesunder Menschenverstand und angesammeltes Selbstvertrauen? Im Zweifel eine wilde Mischung daraus. Es muss auch egal sein, aus welchen persönlichen, gesundheitlichen oder wirtschaftlichen Gründen jemand einen neuen Kurs einschlägt. Vielleicht weil sich Arbeitsbedingungen im erlernten Beruf verschlechtert, weil sich Interessen verlagert haben. Oder weil später etwas hinzukommt, was am Anfang des Berufslebens noch nicht wichtig erscheint: die Frage nach dem Sinn.

Für einen Neustart ist es nie zu spät, nur das Finanzkonstrukt muss stimmen. Und ein wenig Mut gehört auch dazu, denn oft ist es doch so: Man fordert gern, will viel – nur eben nicht sich selbst begegnen. Für die Mutigen unter uns gibt es durchaus Möglichkeiten, zur Abwechslung einmal für sich selbst statt für den Chef zu arbeiten, was gerade für eine Sekretärin eine völlig neue Erfahrung ist:

- **Umschulung und/oder Selbständigkeit,** z. B. mit eigenem Sekretariatsservice, einer Eventmanagement-Agentur, einem »Lebenshilfe-Büro für Privates, Korrespondenz, Bank, Urlaubsvorbereitung, Partyservice, Nachhilfe und Restleben« , weitere Bereiche: Hotel, Tourismus, Gastronomie, Personal, Erwachsenenbildung, IT, Coaching. Hier kommen uns unsere Allroundtalente zugute, die unser Job so oft erfordert.
Der Termin in einer Beratungsstelle oder in der Handelskammer kostet nichts, tut nicht weh, sondern erst einmal nur gut. Er reißt den dicken Vorhang etwas auf, hinter dem wir uns so gern verstecken.

- **Hochschulstudium** – endlich über die Latte springen, die über so vielen, alternativen Jobs zu liegen scheint – oder, wie eine Freundin einmal sagte: »Ich habe es satt, dass ständig irgendwelche jungen Karriereheinis mit irgendeinem Hochschulstudium an mir vorbeiziehen.« So ein Studium kann Selbstvertrauen und Erfüllung gerade auch für ältere Berufstätige bieten. Wenige können es sich finanziell und zeitlich leisten, manchmal fehlt auch einfach nur der Mut. Dabei gibt es heute mehr denn je Angebote auch an Teilzeitstudiengängen, die auf die Bedürfnisse von Berufstätigen zugeschnitten sind. Im Hörsaal merkt man schnell, wie viel Lebenserfahrung, Menschenkenntnis und Krisenmanagement man den heutigen Studenten voraushat, auch oder eben gerade als Sekretärin. Warum also nicht BWL, VWL, Wirtschaftspsychologie, Sozialpädagogik studieren oder den alten Traum von der Kunstgeschichte wahr machen? Denn frei nach Dahrendorf:

»Im Leben geht es um etwas, dass man sich einem Ziel verschreibt, eine Aufgabe anpackt, einen Dienst leistet. Dass man, mit anderen Worten, das Leben auch verfehlen kann. Dann nämlich, wenn man, persönlich wie öffentlich, die

Freiheit hintenanstellt, wenn man die Ordnung, in der man lebt, nicht ernst nimmt, weil man sich verbiestert, verschreckt oder einfach der Anstrengung müde in der Unfreiheit eingerichtet hat.«

Der Wohlfühlfaktor – eine Checkliste

Ob man Jobwechsel, Weiterbildung, Teilzeit oder Umschulung überhaupt nötig hat, lässt sich sehr schön anhand von zwölf Fragen sehen, die Aufschluss darüber geben, ob und wie stark Mitarbeiter im Job engagiert und emotional an ihr Unternehmen gebunden sind. Sie wurden vom Gallup-Institut entwickelt, und ich bin mir sicher, dass sie auch für uns Sekretärinnen gelten:

1. *Ich weiß, was bei der Arbeit von mir erwartet wird.*
2. *Ich habe die Materialien und Arbeitsmittel, um meine Arbeit richtig zu machen.*
3. *Ich habe bei der Arbeit jeden Tag die Gelegenheit, das zu machen, was ich am besten kann.*
4. *Ich habe in den letzten sieben Tagen für gute Arbeit Anerkennung oder Lob bekommen.*
5. *Mein Vorgesetzter/meine Vorgesetzte oder eine andere Person bei der Arbeit interessiert sich für mich als Mensch.*
6. *Bei der Arbeit gibt es jemanden, der mich in meiner Entwicklung fördert.*
7. *Bei der Arbeit scheint meine Meinung zu zählen.*
8. *Die Ziele und Unternehmensphilosophie meiner Firma geben mir das Gefühl, dass meine Arbeit wichtig ist.*
9. *Meine Kollegen haben einen inneren Antrieb, Arbeit von hoher Qualität zu leisten.*
10. *Ich habe einen sehr guten Freund/eine sehr gute Freundin in der Firma.*
11. *In den letzten sechs Monaten hat jemand in der Firma mit mir über meine Fortschritte oder Fehler gesprochen.*
12. *Während des letzten Jahres hatte ich bei der Arbeit die Gelegenheit, neues zu lernen und mich weiterzuentwickeln.*

10. Wo die Liebe hinfällt

Wenn Macht, Einsamkeit und ein gemeinsamer 12-Stunden-Tag in einem fast schon symbiotischen Arbeitsverhältnis zusammentreffen, kann das schon einmal Einfluss auf den Hormonhaushalt haben – sagt man. »Der hat was mit seiner Sekretärin«, »Die umgarnt ihren Chef« – Sprüche, die Flügel bekommen und dem Image schaden, letzter Beweis des fortbestehenden Patriarchats, Nebenplot für Tatort-Filme und Hitchcock-Krimis. Was ist wirklich dran an dieser These? Was mich betrifft, so hatte ich einen Verschleiß von neun Männern in vierundzwanzig Berufsjahren – allesamt im guten Altersmix, oft nicht gerade unattraktiv, finanz-, durchsetzungs- und PS-stark, Vorstände und Geschäftsführer eben – Vertrauensverhältnis: eng, darüber hinausgehendes Verhältnis: Fehlanzeige. Vielleicht bin ich einfach nur überdurchschnittlich langweilig, unattraktiv, zugeknöpft und sowieso schwierig. Vielleicht war mir zu alledem auch einfach nicht danach, etwas mit einem Mann anzufangen, der mir Anweisungen geben kann.

Ist die Liebe im Sekretariat gar nichts weiter als ein Ammenmärchen, ein weiteres Stereotyp wie aus der Waschmittelwerbung? Aber wenn Sekretärinnen durchaus manchmal unter zu viel Distanz, zu wenig Kommunikation mit ihrem Vorgesetzten leiden, warum sollte es nicht auch vorkommen, dass sie auch durchaus manchmal unter zu viel Nähe leiden? Ich habe die Sache mit der Liebe am Schreibtisch zum empirischen Forschungsprojekt gemacht und eine Reihe repräsentativer Sekretärinnen aus meinem Freundes- und Bekanntenkreis dazu befragt. Ich wollte auch noch die letzte Dunkelziffer aufdecken. Fazit: Man ist sich in 10 bis maximal 20 Prozent der Fälle irgendwann in der beruflichen Laufbahn nahe gekommen, zu nahe. In eine dauerhafte Beziehung mündete ein Verhältnis zum Chef allerdings höchst selten, über den Status der heimlichen Geliebten kam eine Sekretärin dann nicht hinaus. Alle konnten ein Lied über die Flüchtigkeit der Liebe singen, und oft gab es nur eine Nachtschicht.

Fakt ist auch: Es gibt überproportional viele Singles unter den Sekretärinnen. Dem steht ein sehr hoher Anteil gescheiterter Ehen gerade auf Managementniveau gegenüber. Die berühmte inoffizielle, zweite Frau ist spätestens ab Anfang fünfzig fällig. Und ehe man es sich versieht, verliebt sich bezaubernde Jeanie mit 380 Anschlägen pro Minute in Erdenmenschen, der rein zufällig ihr Chef ist. Denn Erdenmensch fühlt sich einsam und missverstanden in seiner Gipfelhütte. Er muss sich immer zusammenreißen, würde vielleicht auch einmal gern einen Bärchenanhänger an der Aktentasche baumeln lassen. Darf er aber nicht. Das einzige, zärtliche Gefühl, das ihm tagsüber zugeführt wird, ist das sanfte Vibrieren seines Mobiltelefons. Emotionalität jenseits der Wut kommt in den Wirtschaftsetagen nur in kanalisierter Weise vor: »Jetzt machen wir aber mal eine Flasche Sekt auf.« Das war's dann auch schon. Da kann er einem schon leid tun, da kann Mann auch schon mal schwach werden – mit einer Frau, die auf Augenhöhe ist, was den Arbeitsalltag, aber eben nicht den Status angeht. Die Sekretärin bringt eine gefährliche und verlockende Mischung mit: »nicht ganz doof, gar klug und gebildet« und »nicht ganz unabhängig, gar weisungsgebunden und fürsorglich« – Verschwiegenheit im diskretesten Gewerbe der Welt inbegriffen. Welcher Mann hätte nicht gern eine Frau, die keine eigene Karriere macht, sondern seine fördert, die nicht zu Hause im Bademantel mit schreienden Kleinkindern im Hintergrund auf ihn wartet, sondern geradezu komplizenmäßig und allzeit servicebereit in High Heels seinen Arbeitsalltag begleitet? Und es kommt noch etwas hinzu: Man kennt sich, einschließlich aller schwachen Momente und Peinlichkeiten, hat sich bereits »abgeklopft«, das Vertrauensverhältnis wird zum Nährboden für mehr, zum richtigen Verhältnis – das Herumgezappel beim Kennenlern-Dating kann übersprungen werden. Das war früher so, und das ist noch heute so. Ob unverfängliche, anonyme Großraumbüros mit Auswahl- und Freiwildfaktor statt der früher üblichen intimen Vorzimmer dieses Phänomen hemmen oder im Gegenteil eher begünstigen, bliebe zu untersuchen.

Immerhin jedes dritte Ehepaar findet sich im Berufsleben, aber sobald es ein Hierarchiegefälle zwischen den Partnern gibt, wird's gefährlich. Das macht es ja so reizvoll, für die Männer jedenfalls. Gerade im Sekretariatsbereich kann es auch leicht zu einem Missbrauch von Macht und Kompetenz einerseits und der absoluten Weisungsabhängigkeit andererseits kommen. Dann fängt das Gucken und das Grapschen an, verbunden mit der einseitigen Hoffnung auf eine ganz andere Interpretation von Ablage.

Der Spaß hört spätestens dann auf, wenn der Chef die Leibeigenschaft wieder einführt – und gerade im Sekretariat ist der Sprung dahin oft nicht weit. Dazu gehören immer zwei. Wenn nur einer seinen Spaß hat (in der Regel der Chef), bleibt auch nur eine Möglichkeit: Kündigung – Sekretärin geht schweigend, um noch mehr Schwierigkeiten für sich zu vermeiden, Chef bleibt. Und da haben wir es dann wirklich, das Patriarchat. Meine 10 bis 20 Prozent schließen diese Fälle ein.

Dann gibt es da natürlich noch die lieben männlichen Kollegen, die unsere berufsbedingte »Servicebereitschaft« auch gern einmal ganz locker in anderer Richtung austesten. Dieses Schicksal teilen wir mit Stewardessen und Krankenschwestern, es ist Berufsrisiko, das ich auch kenne. Ein nettes, aber selbstsicheres Klären der Fronten und ein herzhafter Buff in die Rippen helfen in den harmlosen Fällen meistens, und man ist wieder eine von vielen Frauen in der Firma, nicht mehr und nicht weniger. Alles andere ist eindeutig ein Fall für Dritte. Oft ist es aber auch so, dass sich an »die vom Chef« keiner herantraut und sie gleich in die Kaste der Unberührbaren einordnet (»Die duze ich lieber erst mal nicht«).

Unser Job bewegt sich irgendwo zwischen diesen Extremen, zumindest am Anfang einer Tätigkeit. Es dauert manchmal eine Weile, bis man ausgetestet ist, sich durch das Image gekämpft hat und einfach so genommen wird, wie man ist. Puh.

Zurück zur Chef-Beziehung: Wenn sich dagegen zwei in ihrer Zuneigung einig sind, macht das die Sache sehr viel angenehmer, aber nicht unbedingt einfacher: Die durchschnittliche Durchhaltequote einer ernsthaften Chef-Sekretärin-Liebschaft beträgt laut meiner Insider-Umfrage sechs Monate bis maximal eineinhalb Jahre. Danach hat der unvermeidliche Büroklatsch seinen Höhepunkt erreicht und die betroffenen Personen mürbe gemacht. Die Kolleginnen und Kollegen sehen, was sie sehen wollen, und das schadet zumeist mehr der Sekretärin als dem Chef: »Er ist schon ein toller Hecht, das muss man ihm ja lassen, mit schwachen Momenten, durchaus. Wer hat die nicht?« Sie dagegen ist entweder naiv, »lässt sich vernaschen, gibt sich der Illusion hin, ihm irgendwann das ganze Leben statt nur den Büroalltag versüßen zu können.« Oder sie ist »die berechnende Frau aus der zweiten Reihe, die Ehen zerstört für ihre Ambition, ihr Streben nach Status, Sternerestaurant mit Stammplatz am Tisch des Herrn und schalldichter Hotelsuite.« Wie auch immer, die Wahrheit ist lediglich: Der Imageverlust für den/die Untergebene/n ist immer größer. Und das muss man aushalten können, jeden Tag, gemeinsam, Tür an Tür.

Irgendwann gibt es nur noch zwei Möglichkeiten: Das Ganze vergessen und zur Tagesordnung übergehen, was einen sportlichen bis eiskalten Realitätssinn und/oder bewundernswerte Souveränität und Selbstbeherrschung voraussetzt, oder eben die Kündigung. Und bei Letzterer muss man sich nicht wirklich fragen, wer von beiden das Unternehmen unauffälliger und preiswerter verlässt.

Nun habe ich die ganze Zeit über 10 bis 20 Prozent aller Sekretärinnen geschrieben. Was ist mit mir und den restlichen 80 bis 90 Prozent? Ganz einfach: Wir machen schlicht unseren Job. Unsere Emotionsregulierung funktioniert hervorragend: Wir sind total nette Frauen. Aber wir sind auch Profis.

Und an dieser Stelle sei es den Chefs mal gesagt: »*Ich seid vielleicht auch ganz nett, aber so toll nun auch wieder nicht – gerade für uns nicht. Denn wir kennen bereits all eure Marotten, euren Mundgeruch, wenn der Lunch-Termin ausgefallen ist, eure roten Pickelchen am Hals, wenn der Ärger hochkocht, den noch nicht abgezahlten Kredit für den Pool zu Hause, die dünnen Stellen eurer Socken an den Hacken. Das alles kann man lieben. Man kann es auch sein lassen.*«

Denn wenn ich alles schon kenne, wenn ich mir nichts mehr vorstellen kann, mich nicht mehr überraschen lassen kann, die Ziele des anderen in jedem Augenblick schon antizipiere, dann wird das vielleicht nicht gleich langweilig, aber doch schon ein wenig mechanisch, liebestötend. Die alte Ehe ist schon da, noch bevor ein Verhältnis beginnt. Das kribbelt nicht, und das lohnt sich nicht.

Dann kommt man als Sekretärin irgendwann dahin, dass man an der Ampel nicht mehr auf die Männer in den Limousinen oder in anderen flachgelegten Statussymbolen schaut, denn man ist ja schon selbst eines. Man ahnt, wer darin sitzen mag: Männer, die auch nur suchen, Männer einer Gattung, die man im Zweifel schon berufsbedingt in- und auswendig kennt und gerade deswegen für alles andere als locker, sportlich und potent hält. Und man assoziiert sie vor allem mit einem: Arbeit. Vielleicht sind genau deswegen so viele von uns unverheiratet. Nein, meine Liebe gehört den unbeblechten Männern in der U-Bahn, die keinen Taschenspiegel brauchen. Da kann mein Chef noch so nett sein.

11. Fein raus – viel Erfolg für den weiteren Lebensweg

Wie man vernünftig kündigt oder gekündigt wird

Wenn mich jemand nach den emotionalsten Momenten in meinem Beruf fragt, so waren das eindeutig die Kündigungen. Ich weiß nicht, ob das jetzt für oder gegen sie spricht. Verstehen Sie mich nicht falsch, natürlich habe ich zwischen dem ersten und letzten Arbeitstag jede Menge Freuden- und Verzweiflungstränen geweint, die ich nicht missen möchte. Doch ich bin mir ganz sicher, dass eine Kündigung den größten Prozentsatz an Gefühlen ausmacht, die bleiben, nachdem man eine Firma verlassen hat. Denn es ist ja nicht das Trennungsgespräch allein, es sind diese zerbrechlichen Momente bei der Verabschiedung von den Kolleginnen und Kollegen, das Räumen des Arbeitsplatzes samt Einpacken von Ersatzstrumpfhose, Haarbürste, Traubenzucker, Lippenstift und Kaffeetasse, der letzte Händedruck. Und natürlich nimmt man so eine Kündigung persönlich, verdammt noch mal, was denn sonst? – und zack, da sind sie, die Gefühle. Das geht den Chefs, die kündigen oder gekündigt werden, doch nicht anders, auch wenn sie andere Dinge ausräumen und im Nicht-persönlich-Nehmen besser sind. Da nützen ihnen auch die besten »Exit-Strategien«, »Coaches für die Transitionsphase« oder »Outplacement-Berater« nichts. Nein, den letzten Eindruck kann man nicht mehr ausbügeln, er bleibt am stärksten in Erinnerung. Da schlagen uns unsere Gefühle ein Schnippchen, ob wir wollen oder nicht – und ein einziger schlechter letzter Tag kann ganze wunderbare Jahre auslöschen, wenn wir es zulassen.

Von diesen Gefühlen will ich berichten – Formalien und Fristen einer Kündigung kann man in den diversesten Gesetzesvorlagen und Berufsratgebern nachlesen. Viel interessanter ist doch zu fragen, ob es für einen Chef einen Unterschied macht, sich von seiner vertrauten rechten Hand oder einem anderen Mitarbeiter zu trennen? Und wer trennt sich hier eigentlich wie oft von wem? Man trifft sich ja selten in der Mitte und sagt zeitgleich und mitdenkenderweise: »Oh, denken Sie auch gerade das, was ich denke? Wir sollten uns trennen, nicht wahr?«, »Oh ja, gut, dass Sie's gerade ansprechen. Kommen Sie, wir setzen uns gleich hin und regeln das.«

Warum mehr Sekretärinnen kündigen als gekündigt werden

Ich wage zu behaupten, dass die überwiegende Mehrzahl der Kündigungen eines Chef-Sekretärinnen-Arbeitsverhältnisses auf Wunsch der Sekretärin und nicht des Chefs geschehen. Rein gefühlsmäßig erkläre ich mir das so:

1. Der 1:1-Beziehungsfaktor

In kaum einem anderen Job muss die Arbeitsebene so sehr mit der Beziehungsebene in Deckung gebracht werden – es sei denn, ein Chef teilt sich seine Sekretärin mit fünf anderen und hält sich relativ beziehungslos fernab des Großraumbüros auf. In allen anderen Fällen mag ein Chef ein genialer Visionär sein mit jeder Menge interessanter Ideen, aber all das nutzt wenig, wenn er im Umgang (sorry) ein cholerischer Mistkerl ist, der alle zwei Minuten im Türrahmen oder in der Leitung ist. In unserem Job hängt unser Befinden, unsere Leistung, unsere Arbeitsqualität in hohem Maße von der psychologischen Verfassung und dem Führungsvermögen des Chefs ab. Das Spiegelbild lässt grüßen. Launen, Unfähigkeiten und Marotten, die für Dritte nicht wahrnehmbar sind, bekommen wir ungefiltert mit. Und das alles wird nicht unbedingt besser, je höher man kommt auf den Etagen und je fokussierter man für einen solchen Menschen arbeitet. Es kann zu einer immensen nervlichen Belastung werden – und zur Kündigung führen. Auch kreative Branchen, in denen sprunghaftes Verhalten und gelegentliche Ausrastereien der »besonderen Persönlichkeit« geschuldet werden oder wo vor lauter Lockerheit schon einmal die guten Manieren vergessen werden, erleben eine größere Fluktuation gerade bei den so genannten »Office Pearls«, die am ehesten als »austauschbar« gelten.

Bei den meisten Kündigungen sind die Sekretärinnen nicht »überfordert«, sondern einfach nur genervt, weil nicht sie, sondern ihre Chefs überfordert sind. Ich warte immer noch auf den Tag, an dem bei der Beurteilung einer Führungskraft die Fluktuation in dessen Sekretariat offiziell mit einbezogen wird.

2. Entwicklungsgrenzen

Wir Sekretärinnen kommen schneller an die Grenzen unserer Entwicklung als andere Mitarbeiter. Das liegt nicht daran, dass wir klüger oder schneller wären, sondern schlichtweg daran, dass bei uns die Grenzen näher liegen. Unsere Büros sind mitunter ein wenig eng. Wir versuchen deswegen öfter als andere, durch Kündigung und anderweitigen Neuanfang weiterzukommen. Das gelingt mal mehr, mal weniger.

3. Mut ist weiblich

Wenn es darauf ankommt, sind Frauen entschlossener als Männer – springen zuerst ins Wasser, während er noch am Ufer steht und erst mal noch eine raucht. Das kann man auf das Arbeitsleben, hier speziell auf die Kündigung, übertragen: Chefs sind nicht gut im Entlassen, mögen es nicht, singen lieber Lobeshymnen oder kündigen Gehaltserhöhungen an, aber um Himmels willen keine Kündigung, keine Trennung – und dann auch noch von einer Frau, die man im Zweifel selbst eingestellt hat, eine private Scheidung reicht ja schon. Unschön, unbequem. Dann lieber aussitzen, hinnehmen und damit leben wie mit einer Laktoseintoleranz. Oder könnte man andere machen lassen? Wie sagt man so schön: »Was Gunst erwirbt, verrichte selbst, was Ungunst, lasse andere machen.« Die Kündigung der Sekretärin lässt sich aber schlecht an eben solche delegieren, und an die große Glocke will man sie auch wieder nicht gleich hängen. Es reicht auch nicht aus, einfach fernzubleiben, einfach nicht mehr anzurufen, wie man das auf privater Ebene so macht. Nein, solange er nicht mit ihr redet, kommt sie wieder, jeden Morgen, immer. Chefs tun sich schwer mit unbequemen Wahrheiten, selbst wenn man sich innerhalb der Probezeit mit einer beidseitigen Frist von nur zwei Wochen voneinander trennen kann, ohne Angabe von Gründen oder lediglich mit einem Werturteil (»Es geht einfach nicht.«). Später reichen Werturteile arbeitgeberseitig für eine Kündigung nicht mehr aus, zumindest wenn der Chef nicht gerade Vorstand ist und am ganz langen Hebel sitzt. Männer lassen erst mal und sitzen aus. Frauen sind da spontaner, regen sich auf und wollen reden – und oft dann eben auch kündigen.

Trennungskultur Fehlanzeige

Eine so genannte »Trennungskultur«, die hohe Kunst des stilvollen Rausschmisses, beherrschen die wenigsten. So etwas scheint man nicht zu lernen. Geht eine Firma in Konkurs oder muss aus anderen Gründen Mitarbeiter entlassen, so sind das für beide Seiten ganz traurige Gespräche, aber da sind dann die Vorgaben zumindest einigermaßen klar. Von diesen Fällen der wirtschaftlichen Zwangslage soll im Folgenden nicht die Rede sein. Hier geht es um zwei, deren einziges Problem ist, dass sie nicht miteinander können und sich das jetzt sagen müssen. Eine Kündigung ist das Schwierigste im Arbeitsleben, aber man kann es sich beidseitig zumindest etwas leichter machen, ohne dass man gleich eine SMS dazu benutzt:

1. Wer einstellt, muss auch entlassen. Führung im positiven Umfeld kann nicht jeder, im negativen Umfeld noch viel weniger. Warum tun sich Chefs so schwer damit? Wenn mir jemand kündigen will, dann soll er es mir selbst sagen und nicht sagen lassen, Auge in Auge, in einem neutralen Büro ohne Glaswände, Telefon und Handy.

2. Die Vorwarnung: Schlechte Leistung und Fehlverhalten sollte man im Vorfeld angesprochen haben und nicht mit der Tür ins Haus fallen, wenn man sowieso nicht mehr verbessern, sondern nur noch beenden will. Das gilt für beide Seiten. Jeder verdient eine Chance. Man kann im Trennungsgespräch nicht einfach eine Vergangenheit bemühen, die man vorher aus lauter Bequemlichkeit oder Angst nie dokumentiert oder kommuniziert hat.

3. Das Trennungsgespräch: So wie man Mut zur Ehrlichkeit aufbringen muss, so muss man auch Kritik aushalten können. Wir Sekretärinnen wollen keinen Smalltalk hören, wenn wir kündigen oder gekündigt werden, kein »das Unternehmen hat entschieden«, sondern ein »Ich habe entschlossen«. Wir brauchen ein Bild von der Zukunft, und dazu gehören genaue Informationen, warum das mit der Zukunft da, wo man bisher war, nicht klappt, warum man genau da eben einfach nicht passt. Und dabei möchten wir uns nicht gleich wie der unfähigste Mensch auf der Welt fühlen müssen. Ich denke, die meisten Chefs raffen sich am Ende auf, reißen sich zusammen und kriegen das ganz gut hin. Oft kommt ein versöhnendes, fast schon antiseptisches »Tja, es hat eben nicht so richtig gepasst«, »Es hat wohl nicht sollen sein« – Schicksal, fernes Schicksal, außerhalb wirklicher Beeinflussung, noch ein Gläschen Sekt beim Abschiedsumtrunk und »alles, alles Gute und Tschüss, kommen Sie ruhig mal vorbei, wenn Sie in der Nähe sind«. Sicher, es muss einfach miteinander klappen, nirgendwo sonst hängt die erfolgreiche Berufsausübung so an der wackeligen Trefferquote in der Kombination. Aber deswegen muss man daraus ja nicht gleich ein Lottospiel machen, um jegliches Eingeständnis zu vermeiden, wenn nur zwei statt sechs Richtige dabei herauskommen.

Und gerade wenn man als Sekretärin selbst kündigt, kommen da schon manchmal so ein paar Fragen in einem hoch: »Macht der sich eigentlich gar keine Gedanken, was er selbst eventuell zu einem klitzekleinen Anteil auch falsch gemacht haben könnte?«, »Fasst der sich nicht auch einmal an den eigenen Hut?«, »Bringt den meine Kündigung nicht wenigstens ein bisschen ins Grübeln?« »Wird er mit der Neuen irgendetwas anders machen?« Mehr Chefs als wir glauben mögen bei der Kündigung ihrer Sekretärin den Hauch einer dunklen Ahnung bekommen von falscher Personalauswahl, falscher Führung, falscher Kommunikation. Aber dann kommt auch schon das andere Ich: »Nun ist es ja auch zu spät, und irgendwie will man sich damit auch gar nicht mehr beschäftigen.«

Da können wir unseren Chefs bei der Kündigung als lebende, geballte Schwachpunktliste gegenübersitzen, sie wollen es einfach nicht sehen. Leuten, die gehen, hört man nicht mehr zu, auch wenn man sich dabei die seltene Chance auf ein ehrliches Mitarbeiterfeedback vergibt – »Reisende soll man nicht aufhalten«, noch nicht mal für ein ehrliches Gespräch, um Himmels willen nein, gerade dafür nicht. Solche Chefs hoffen ganz einfach auf eine, die besser passt. Da muss man eben beim nächsten Mal mehr Glück haben. An einer scheidenden Sekretärin hängt auch nicht das Fortbestehen des Unternehmens, sie ist kein »High Potential«, bei dessen Weggang sich ein Chef ernsthaft Gedanken machen oder gar dem Aufsichtsrat Rede und Antwort stehen müsste. Nein, eine solche Kündigung ist nur eine Entscheidung von vielen, die tagtäglich zu fällen sind – und dennoch ist es die Trennung von einer Frau, die sie sich selbst mal ausgesucht haben.

Und was können wir Sekretärinnen tun? Könnte die eigene Kündigung noch einen nachhaltigen Zusatzzweck erfüllen, abgesehen von der Flucht durch die Hintertür, der eigenen Freiheit oder der Chance auf Besserung der persönlichen Lebensumstände? Eine letzte Amtshandlung – auf dass das Leiden nicht völlig vergebens war? Wir können tatsächlich mehr daraus machen, denn ein Trennungsgespräch ist oft die letzte Chance, die Karten auf den Tisch zu legen und dem Chef nur einmal und nur unter vier Augen behutsam, aber klar das zu sagen, was sich vielleicht sonst niemand trauen würde, auch wenn alle so denken. Die wenigsten haben noch Lust dazu – »Soll der doch seinen Mist alleine machen«, »Schwamm drüber, am besten nicht mehr darüber nachdenken.« Viele Sekretärinnen scheuen vor Kritik am Vorgesetzten auch zurück, solange das Zeugnis noch nicht geschrieben ist. Aber vielleicht sollte man einfach etwas Mut zur Ehrlichkeit mitbringen. Wo sind die guten alten Werte geblieben? Und das Zeugnis kriegt man trotzdem hin (s. folgende Seiten).

4. Der Zeitpunkt: abends und nie an einem Freitag. Denn es gilt: Man sollte eine Nacht darüber schlafen, aber nicht ein ganzes Wochenende ohne Rücksprachemöglichkeiten.

5. Die Verabschiedung: Ein schöner Rückzug ist so viel wert wie ein kühner Angriff. Eine Kündigung ist eindeutig, nicht mehr diskutier- oder verhandelbar, am Ende steht immer ein Dissens. Das heißt aber nicht, dass es zu armseligen Szenen kommen muss wie unten geschildert. Es muss nicht gleich ein Abschiedsessen im Restaurant sein – obwohl es noch richtig gute Chefs gibt, die das durchaus mit ihren scheidenden Sekretärinnen machen.

Fest steht: Man sieht sich immer zwei Mal im Leben, und das muss man meinen Ex-Chefs lassen: So desaströs die Zusammenarbeit auch war, am Ende waren doch alle bemüht, nochmals ihr Lichtlein blinken zu lassen oder doch zumindest eine versöhnende Nonchalance hervorzukramen – von glaubwürdig bedauernd bis drittklassig geschauspielert – immerhin, man mühte sich: »Ich werde Sie vermissen, ob Sie wollen oder nicht«, »Behalten Sie uns in guter Erinnerung.« Als Sekretärin mag man anders denken, aber beim allerletzten Handschlag spielt man mit. So sind die Regeln.

Eine Kollegin hat mir einmal ihren letzten Tag in ihrer Ex-Firma geschildert:

»Meine kleine Abschiedsrunde durch die Firma hätte mein Chef gar nicht gern gesehen, und er wusste dem vorzubeugen. Es muss ihm den Schweiß auf die Stirn getrieben haben, sich vorzustellen, was ich sagen würde, wenn die Kollegen fragen ›Oh, warum gehen Sie denn um Himmels willen?‹ Das hätte reputationsgefährdend sein können. Ich wahrte die Form, hatte auch vorher schon immer von ›Weiterentwicklung‹ gesprochen (was es ohne ihn ja auch tatsächlich war). Er wahrte sie nicht, präsentierte mir an meinem letzten Tag meine Nachfolgerin, die ich einzuarbeiten hatte. Keine Zeit also für ein Ade, für letzte Gespräche mit Kollegen im Büro. Er hat kein Wort mehr verloren an diesem Tag, kein Bedauern auf der Zunge – leere Worte vielleicht, aber man sagt sie doch, oder? Den Dank nur auf dem Papier, kein Geschenk. Nach sieben Jahren. Als ich mich am Ende des Tages von ihm verabschieden wollte, hat er mich vom Flur schnell in sein Büro geschoben, um jegliche Zeugen zu vermeiden. Und bevor ich noch mehr sagen konnte, bekam ich von ihm nur einen feuchten Händedruck ohne Blickkontakt. Er sollte ja nicht gleich unser komplettes Beziehungsmuster mit mir überdenken. Aber so? Ich hätte heulen können vor Wut. Ich glaube, ich habe es auch getan zu Hause. Warum hatte ich überhaupt von ihm etwas anderes erwartet?«

Aus der Abschiedsmail einer Sekretärin:
» ... Es war toll mit euch. Und übrigens, Frau Dr. Keller, Sie verdienen 20.000 Euro weniger als Herr Schmidt, der ja denselben Job wie Sie macht.«

Und wie war das noch einmal mit dem Mut zur Kündigung? Das Neue ist vielleicht unberechenbar, das Alte auf jeden Fall trügerisch verlässlich. Und je älter ich werde, desto mehr Angst habe auch ich, vom Regen in die Traufe zu kommen. Wer weiß schließlich, wer da draußen noch alles frei herumläuft? Und dennoch: Ich habe keine meiner Kündigungen bereut, denn oft muss man erst eine Tür schließen, bevor sich eine andere öffnet. Und die Richtschnur ist einfach: Schlechte Chefs gehören verlassen. Sonst werden sie nie besser. Und man selbst auch nicht.

Schlussbestimmungen der MPO, dem so genannten »KFZ-Idiotentest« bei finaler Punkteüberschreitung in Flensburg: »Bedeutsam sind vor allen Dingen eine offene Auseinandersetzung mit den Ursachen und eine stabile Änderung in Einstellung und Verhalten.«

Arbeitszeugnis – das Beste zum Schluss

Beim Überlesen des eigenen Zeugnisses fragt man sich ja mitunter, warum man seine »verantwortungsvolle Vertrauensposition«, die man »stets zur vollsten Zufriedenheit und mit viel Engagement und Weitblick ausübte«, mit »Chef in personalstarker Leitungsfunktion«, der im Übrigen den Fortgang »außerordentlich bedauert«, überhaupt verlassen konnte – geschweige denn, wie man das auch noch seinem zukünftigen Arbeitgeber beibringen soll, wenn er danach fragt. Denn aus dem Zeugnis geht »stets, absolut und in höchstem Maße« nur das Allerbeste hervor, und man verlässt das Unternehmen »auf eigenen Wunsch, um sich weiterzuentwickeln«. Weiterentwicklung kommt immer gut, auch wenn es in den meisten Fällen wohl eher eine »Wegentwicklung« ist.

Schreiben oder schreiben lassen?

Ich denke, dass etwa die Hälfte aller Sekretärinnen ihr Zeugnis selbst schreiben, das ist nichts Ungewöhnliches. Schließlich schreiben wir ja berufsbedingt sonst auch so allerhand knifflige Briefe, stimmungsvolle und geistreiche Reden, individuelle Glückwunsch-, Jubiläums-, Kondolenz- und Absageschreiben, alles stilistisch und orthografisch einwandfrei. Wir donnern Bewerbungsanschreiben für die Söhne und Töchter unserer Chefs und Bonusbriefe der engsten »Direct Reports« in die Tastatur. Da kennen wir nichts. Warum sollten wir nicht auch den ersten Entwurf des eigenen Zeugnisses schreiben? Ich habe es jedenfalls immer selbst geschrieben, und meine Chefs ermunterten mich dazu: »Schreiben Sie ruhig, wie Sie das gern hätten. Ich unterschreibe das schon. Sie wissen ja sowieso selbst am besten, was Sie so gemacht haben.« Auch damit habe ich sie entlastet, denn sie hatten oft tatsächlich keine Ahnung, was ich »eigentlich so alles gemacht« hatte, geschweige denn, wie man das auch noch textlich darstellen sollte. Der Elan zu einer schriftlichen Auseinandersetzung mit einer Frau, die einen verlassen will, hielt sich in Grenzen, auch wenn es nur um Vorgaben in Stichworten ging. Also überwand man sich zu einem letzten, generösen Liebesdienst, lies mich selbst mein Zeugnis schreiben und schlug damit zwei Fliegen mit einer Klappe.

Als Sekretärin greift man diesen Vorschlag gerne auf, schließlich möchte man für seinen Abschiedsbrief den 08/15-Textbausteinen aus einer Personalabteilung fernab des eigenen Arbeitsalltags entgehen und noch etwas polieren, wo Dritte nicht unbedingt noch einen Nebensatz hereingebracht hätten. Mitunter gehen dabei ganze Kreativ- und Werbetexter an uns verloren. Die Personaler aber sehen so etwas gar nicht gern, wittern Anarchie, Amputation von Zuständigkeiten, gefährlich laienhafte Formulierungen bis hin zur Vorspiegelung falscher Tatsachen. Man sollte diesen Kollegen unbedingt vorher erklären, dass und vor allem warum man sein Zeugnis gern selbst schreiben möchte, und ihnen den fertigen Textentwurf zur etwaigen Korrektur vorlegen. Das garantiert, dass man sich mit einem Text, in dem man auch viel falsch machen kann, nicht selbst ins Boxhorn jagt. In jedem Fall ist es ratsam, eine neutrale, aber fachkundige Person noch einmal über das Zeugnis schauen zu lassen.

Worauf man achten sollte

Über den Aufbau und die chiffrierte Beurteilungssprache eines Zeugnisses kann man sich überall schlaumachen. Hier also lieber noch ein paar Tipps, die speziell für uns Sekretärinnen interessant sein könnten:

Vorsicht Prahl-Modus: Diese Gefahr besteht durchaus, wenn man sein Zeugnis selbst schreibt. Seien wir ehrlich, man geht eben gern auf Nummer sicher. Und unser Job erfordert ja oft mehr charakterliche Stärken als sachliche, da kommt man schnell auf verklärte Beschreibungen, auf Anhäufungen von Superlativen, die eher an Fabelwesen aus fernen Welten denken lassen: Eine Sekretärin, die »in jeder Hinsicht und im hohen Maße selbständig, effizient und weitsichtig arbeitet, sich selbst komplexen Vorgängen eines arbeitsintensiven Topmanagement-Sekretariats auch unter Zeitdruck erfahren, professionell und souverän stellt, gekoppelt mit absoluter Loyalität, größter Sensibilität, höflicher Kontaktstärke und ebenso großer Belastbarkeit« mag es geben, aber wenn ein zukünftiger Arbeitgeber das so schwarz auf weiß in geballter Form liest, wird es ihn erschlagen. Mit einer solchen Allzweckwaffe im Büro könnte er selbst sehr alt aussehen oder annehmen, dass sich da jemand auf ein Stüfchen aus Pappmaché stellt. Er überliest es schlichtweg. Solche Formulierungen sollte man daher eher in homöopathischen Dosen über ein bis eineinhalb Seiten verteilen und sie mit Inhalten und Arbeitsbeispielen aufmischen. Im Zweifel fallen sie dann auch mehr auf.

Die genaue Tätigkeitsbeschreibung, also die Informationen auf der sachlichen Ebene, ist für die meisten einstellenden Personaler wichtiger als die ohnehin oft geschönten Soft Facts der Beurteilung. Letztere lesen viele oft erst gar nicht mehr. Gerade im Sekretariat ist das mit den genauen Verantwortlichkeiten so eine Sache, wenn man irgendwie »Mädchen für alles« war. Dann könnte die Liste der Aufgaben und Verantwortlichkeiten zwei Seiten füllen, die man kürzen muss. Für alle anderen Fälle, bei denen man sich fragt, wie »Korrespondenz, Termin- und Reisemanagement« möglichst raumgreifend darstellbar sind, so dass es nach etwas aussieht, gibt es auch Lösungsmöglichkeiten: Was die Termin- und Reiseplanung angeht, so könnte man die Recherche und Zusammenstellung von erforderlichen Unterlagen, Budgetkontrolle und Veranstaltungsmanagement benennen. Unsere Chefs würden in dieser Situation nichts anderes machen. Und wenn man glaubt, kreativ zu sein, und das auch noch schreibt, dann gehört zu diesem Attribut ein Arbeitsbeispiel, also das gute alte »Projekt«.

Hallo Chefs – Mut zur Individualität: Es muss bei Zeugnissen kein Wagnis sein, sich hier und da über die üblichen Floskeln hinwegzusetzen. Und hier sind die Chefs aufgerufen. Zeugnisse, die aus der persönlichen Perspektive des Vorgesetzten geschrieben werden, sind oder klingen doch zumindest viel ehrlicher, spannender und authentischer. Und warum nicht einmal etwas andere Redewendungen hereinbringen? Das könnte dann – im positiven Fall – so aussehen: »Frau … hat mein Sekretariat so geführt, wie ich es mir gewünscht hatte, ihm ein Gesicht, Kompetenz und Schwung gegeben«, »Frau … brachte das Fingerspitzengefühl und die Diplomatie mit, die diese Position manches Mal erfordert und auf die sich ein Vorgesetzter wie ich so gern verlässt«. Sollte es schwierige Unternehmensphasen, also verschärfte Rahmenbedingungen, gegeben haben, in denen sich das Sekretariat tapfer geschlagen hat, so gehört das auch erwähnt.

Was rein muss: Es gibt eine Reihe von Merkmalen der persönlichen Qualifikation und Arbeitsweise, die gerade bei Sekretärinnen mit in das Zeugnis gehören, da sie bei uns mitunter wichtiger als bei anderen Mitarbeitern sind oder zumindest öfters eingefordert werden. Ich halte mich an folgende Checkliste:

- *Flexibilität, Wendigkeit, Auffassungsgabe* – alles schreckliche Worte, aber sie werden immer wieder gerne gelesen.
- *Ausdauer, Belastbarkeit* – der Crashtest-Dummy lässt grüßen …
- *Effizienz, Schnelligkeit* – denn wir sind »flott«.
- *Konzentration, Weitblick, strukturiertes Arbeiten* – denn wir »denken mit«.
- *Selbständigkeit, Verantwortungsbewusstsein* – immer gerne, nur nicht zu viel.
- *Organisationsvermögen* – denn wir sind »pragmatisch, umsetzungsstark und machen fast alles möglich …«
- *Sprache und Ausdruck* – denn wir bringen das aufs Papier, was nach draußen geht, und sind die Erste, die man am Telefon hat.
- *Aufgeschlossenheit, Interesse für Neues, zusätzliche Aufgaben, Weiterbildung* – ganz wichtig im eigenen Interesse.
- *Fingerspitzengefühl, Diplomatie* – denn unser Job kann ein Eiertanz sein …
- *Vertrauenswürdigkeit, Diskretion und Loyalität* – denn »wir genießen das volle Vertrauen der Geschäftsführung«.
- *Umgangsformen, Menschenkenntnis, Kontaktfähigkeit, Freundlichkeit, Verbindlichkeit* – denn »unser Verhältnis zu Vorgesetzten, Kollegen und Kunden war stets vorbildlich, kontaktstark und zugleich verbindlich«, »Wir konnten uns einen ausgezeichneten Ruf im Hause erwerben und waren intern und extern eine geschätzte Ansprechpartnerin.«

Schlussformel: Dank, dass man da war, Bedauern, dass man nicht mehr da sein wird, und gute Wünsche für die Zukunft: Fehlt hier auch nur ein einziger Textbestandteil, ist das Zeugnis nicht Ia, auch wenn es den Passus »stets zur vollsten Zufriedenheit« enthält. Die Formulierung der Schlussformel steht dem Arbeitgeber tatsächlich frei, das heißt, anders als Lob ist Dank nicht einklagbar.

Zwischenzeugnis: Wenn der Chef wechselt, aber die Sekretärin bleibt, sollte sie unbedingt um ein Zwischenzeugnis bitten, denn die Personaler wissen um den Stellenwert des Chefs als Person, gerade in unserem Job. Für einen Chef kann man der wahr gewordene Traum einer Sekretärin sein, für den neuen der absolute Alptraum. Ein späteres Schlusszeugnis sollte dann auch Bezug auf das Zwischenzeugnis nehmen.

Einer meiner Chefs hat sich am Schluss noch etwas Zeit, sein kostbarstes Gut, für mich genommen und mir zusammen mit meinem Zeugnis auch einen handgeschriebenen Brief mitgegeben, in dem er alles untergebracht hat, was über die geregelten Inhalte eines Zeugnisses hinausgeht. Er hatte mir das alles auch schon gesagt, aber so ein schriftliches und sehr persönliches, also echtes Bekenntnis der Wertschätzung fernab aller Textbausteine tut einfach gut und lässt einen positiv in die Zukunft schauen. Es kam in Omas kostbare Schmuckschatulle unter dem Bett – schöne Idee für alle Chefs (nicht die Schatulle, sondern der Brief).

Die 10 Sekretariats-Gebote

… Und dann sind wir raus, hoffentlich fein raus, begeben uns erneut auf die Suche und halten Ausschau – nach dem Chef, der uns nimmt, wie wir sind, auf dass wir so sein können, wie wir sind, der uns hinterfragt, fordert und fördert und dieses Buch gelesen hat oder sich so verhält, als hätte er es gelesen. Denn es ist nicht schwer. And the dream goes on.

Männer neigen dazu, Bücher von hinten nach vorne zu lesen, in der irrigen Annahme, dann einen Wissensvorsprung zu bekommen. Auch dieses Verhalten lässt sich ausnutzen. Hier also in Kurzfassung die Regeln von der hohen Kunst, die besten Frauen zu kriegen und zu halten – im Sekretariat:

1. »Was will ich und was brauche ich?« – dieses ist eine äußerst nützliche Frage für die Auswahl Ihrer Sekretärin. Denn es könnte einen Unterschied geben.

2. Sekretärinnenprofile sind so artenreich, vielfältig und bunt wie der mittlere Amazonas. Man muss es nur sehen. Informieren Sie sich.

3. Der Umfang mit uns fällt unter »Diversity Management«, denn wir sind nicht nur Ihr verlängerter rechter Unterarm, sondern in Personalunion auch Frauen. Wir arbeiten anders als Männer, und das ist gut so.

4. Durch nichts sonst gibt es so viele Reibungsverluste wie durch mangelnde und falsche Kommunikation. Ihr Sekretariat ist Schnitt-

stelle, da kann das schnell zum betriebswirtschaftlich relevanten Kostenfaktor werden.

5. Wir kriegen alles mit – unterschätzen Sie uns nicht. Wir sind in der Lage, Sie von neun bis fünf in Ihrem Büro einzuschließen und jedem zu erzählen, Sie dürften nicht gestört werden. Wir sitzen nah an Ihrem Sessel und bedienen Ihre Leitung, während Sie Golf spielen oder versuchen, die Welt zu retten.

6. Wenn Menschen nicht wertgeschätzt werden, dann strengen sie sich auch weniger an. So einfach ist das. Man kann sich das nicht oft genug laut vorlesen.

7. Wir können nur so gut arbeiten, wie Sie selbst arbeiten. Wir sind Spiegelbild Ihres Führungsvermögens – und zwar das allernächste.

8. Haben Sie eine Ahnung, wie hoch unser durchschnittliches Monatsnettogehalt ist?

9. Wir ticken unterschiedlich, und wir müssen unterschiedlich gefördert werden.

10. Wir arbeiten an uns. Arbeiten Sie bitte auch an sich.

Die 10 Sekretariats-Gebote

Katharina Münk im dtv

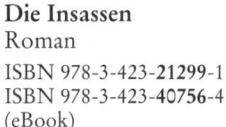

Die Insassen
Roman
ISBN 978-3-423-**21299**-1
ISBN 978-3-423-**40756**-4
(eBook)

Vier Insassen der Nervenklinik St. Ägidius – drei ehemalige Top-Manager und eine Chefsekretärin – bringen ihre Anstalt an die Börse.
»Katharina Münk ist eine herrliche Satire über Manager am Rande des Wahnsinns gelungen. Einfach lesen und lachen.« (Jana Mareike von Bergner in der ›Hörzu‹)

Die Eisläuferin
Roman · dtv premium
ISBN 978-3-423-24881-5
ISBN 978-3-423-**40954**-4
(eBook)

Die Regierungschefin einer westlichen Industrienation verliert durch einen Unfall ihr Gedächtnis und erfährt jeden Tag aufs Neue, dass sie ein Land regieren muss. Das geht so lange gut, bis die Chefin entdeckt, wie förderlich Emotionen für die Erinnerung sind ...

Bitte besuchen Sie uns im Internet: www.dtv.de

dtv zum Thema Wirtschaft: kompetent und aktuell

John Kay
Obliquity
Die Kunst des Umwegs oder
Wie man am besten sein Ziel
erreicht
Übers. v. F. Reinhart
ISBN 978-3-423-24830-3

Kai A. Konrad
Holger Zschäpitz
Schulden ohne Sühne?
Was Europas Krise uns
Bürger kostet
ISBN 978-3-423-34733-4

Hans Küng u. a.
**Manifest Globales
Wirtschaftsethos**
Manifesto Global Economic
Ethic
Konsequenzen und Heraus-
forderungen für die Wirtschaft
ISBN 978-3-423-34628-3

Susan Levermann
**Der entspannte Weg
zum Reichtum**
ISBN 978-3-423-34675-7

Die Büro-Alltags-Bibel
Alle Regeln und Gesetze
für den Job
ISBN 978-3-423-24762-7

Jochen Mai
Die Karriere-Bibel
Definitiv alles, was Sie für
Ihren beruflichen Erfolg
wissen müssen
ISBN 978-3-423-24651-4

Katharina Münk
**Denn sie wissen nicht,
was wir tun**
Was Chefs über ihre Sekretä-
rinnen erfahren sollten
ISBN 978-3-423-34697-9

Érik Orsenna
Weiße Plantagen
Eine Reise durch unsere
globalisierte Welt
Übers. v. A. Gittinger und
U. Goridis
ISBN 978-3-423-34533-0

Amartya Sen
**Ökonomie für den
Menschen**
Wege zur Gerechtigkeit und
Solidarität in der Marktwirt-
schaft
Übers. v. C. Goldmann
ISBN 978-3-423-36264-1

Bitte besuchen Sie uns im Internet: www.dtv.de

dtv zum Thema Wirtschaft:
kompetent und aktuell

Bodo Schäfer
Der Weg zur finanziellen Freiheit
Die erste Million
ISBN 978-3-423-**34000**-7

Die Gesetze der Gewinner
Erfolg und ein erfülltes Leben
ISBN 978-3-423-**34048**-9

Matthias Schranner
Der Verhandlungsführer
Strategien und Taktiken, die zum Erfolg führen
ISBN 978-3-423-**34319**-0

Konrad Stadler
Die Kultur des Veränderns
Führen in Zeiten des Umbruchs
ISBN 978-3-423-**24764**-1

Thomas Strobl
Ohne Schulden läuft nichts
Warum uns Sparsamkeit nicht reicher, sondern ärmer macht
ISBN 978-3-423-**24831**-0

Don Tapscott
Anthony D. Williams
Wikinomics
Die Revolution im Netz
Übers. v. H. Dierlamm und U. Schäfer
ISBN 978-3-423-**34564**-4

Nassim Nicholas Taleb
Der Schwarze Schwan
Die Macht höchst unwahrscheinlicher Ereignisse
Übers. v. J. Proß-Gill
ISBN 978-3-423-**34596**-5

Der Schwarze Schwan
Konsequenzen aus der Krise
Übers. v. J. Proß-Gill
ISBN 978-3-423-**34734**-1

Das Wichtigste über Politik und Wirtschaft
Von Jeanne Rubner und Arthur Carlson
ISBN 978-3-423-**34367**-1

Conor Woodman
Bazar statt Börse
Meine Reise zu den Wurzeln der Wirtschaft
Übers. v. J. Proß-Grill
ISBN 978-3-423-**34696**-2

Steve Wozniak
Gina Smith
iWoz
Wie ich den Personal Computer erfand und Apple mitbegründete
Übers. v. J. Dubau
ISBN 978-3-423-**34507**-1

Bitte besuchen Sie uns im Internet: www.dtv.de

Aktuelle Themen im <u>dtv</u>

Olaf Baale
Abbau Ost
Lügen, Vorurteile und sozia-
listische Schulden
ISBN 978-3-423-**34468**-5

Alexander Bahar
Folter im 21. Jahrhundert
Auf dem Weg in ein neues
Mittelalter?
ISBN 978-3-423-**24713**-9

Julia Berger
Gefeuert
Mein Leben nach der
Kündigung
ISBN 978-3-423-**24832**-7

Gerhard Berz
Wie aus heiterem Himmel?
Naturkatastrophen und
Klimawandel
Was uns erwartet und wie wir
uns darauf einstellen sollten
ISBN 978-3-423-**24766**-5

Jochen Bittner
So nicht, Europa!
Die drei großen Fehler der EU
ISBN 978-3-423-**24909**-6

Heinz Bude
Die Ausgeschlossenen
Das Ende vom Traum einer
gerechten Gesellschaft
ISBN 978-3-423-**34599**-6

Ian Buruma
Chinas Rebellen
Die Dissidenten und der Auf-
bruch in eine neue Gesellschaft
Übers. v. H. G. Holl
ISBN 978-3-423-**34572**-9

Colin J. Campbell
Ölwechsel!
Das Ende des Erdölzeitalters
und die Weichenstellung für
die Zukunft
Übers. v. H. Roth
ISBN 978-3-423-**34389**-3

Paul Collier
Die unterste Milliarde
Warum die ärmsten Länder
scheitern und was man
dagegen tun kann
Übers. v. R. Seuß und
M. Richter
ISBN 978-3-423-**34629**-0

Joseph Croitoru
Hamas
Auf dem Weg zum palästinen-
sischen Gottesstaat
Aktualisierte Ausgabe
ISBN 978-3-423-**34600**-9

Cordelia Edvardson
Wenn keiner weiterweiß
Berichte von der Grenze
Übers. v. S. Engeler
ISBN 978-3-423-**34574**-3

Bitte besuchen Sie uns im Internet: www.dtv.de

Aktuelle Themen im dtv

Yvonne Feller
Florian Flechsig
**Wir sind jung und brauchen
das Geld**
Ein Selbstversuch
ISBN 978-3-423-24834-1

Markus Frenzel
Leichen im Keller
Wie Deutschland inter-
nationale Kriegsverbrecher
unterstützt
ISBN 978-3-423-24876-1

Alva Gehrmann
Alles ganz Isi
Isländische Lebenskunst für
Anfänger und Fortgeschrittene
ISBN 978-3-423-24874-7

Patrick Gensing
Angriff von rechts
Die Strategien der Neonazis –
und was man dagegen tun
kann
ISBN 978-3-423-34551-4

Robert Greene
Power
Die 48 Gesetze der Macht
Übers. v. H. Schickert und
B. Brandau
ISBN 978-3-423-36248-1

**Die 24 Gesetze der
Verführung**
Ein Joost-Elffers-Buch
Übers. v. H. Schickert
ISBN 978-3-423-34081-6

John Gray
Politik der Apokalypse
Wie Religion die Welt in die
Krise stürzt
Übers. v. C. Trunk
ISBN 978-3-423-34692-4

Rainer Hermann
Die Golfstaaten
**Wohin geht das neue
Arabien?**
ISBN 978-3-423-24875-4

Lamya Kaddor
**Muslimisch – weiblich –
deutsch!**
Mein Weg zu einem zeit-
gemäßen Islam
ISBN 978-3-423-34677-1

Sudhir Kakar
Die Inder
Porträt einer Gesellschaft
ISBN 978-3-423-34630-6

Gudrun Krämer
Geschichte des Islam
ISBN 978-3-423-34467-8

Gerd Langguth
**Kohl, Schröder, Merkel
Machtmenschen**
ISBN 978-3-423-24731-3

Mark Leonard
Was denkt China?
Übers. v. H. Dierlamm
ISBN 978-3-423-24738-2

Bitte besuchen Sie uns im Internet: www.dtv.de

Aktuelle Themen im <u>dtv</u>

Bitte besuchen Sie uns im Internet: www.dtv.de

Hilfe zur Selbsthilfe